精神科医が教えるストレスフリー超大全

人生烦恼
咨询室

[日]
桦泽紫苑
著

朱悦玮
译

中国友谊出版公司

前　言

成为"毫无压力的人"吧

首先请大家回答下面这个问题。

> 人们应该将压力全部清除。
> Yes 还是 No？

或许很多人选择的回答都是"Yes"吧。
但实际上答案是"No"。

为什么呢？
虽然很多人都认为"应该将压力全部清除",但实际上完全没有压力也是不行的。

比如在工作中面对重要的谈判或会议时,心里一定会感到非常紧张,并因此而产生压力吧。
但在这种压力下,我们会尽力做好事前准备,并反复地练习。这样做的结果是使自己的能力得到提升,促进自身的成长。

在人际关系之中也有压力存在。但如果彻底消除人际关系的压力，我们就不会审视自己的言行，也不会考虑他人的心情，更不会去尝试改善人际关系。这样的人很难取得成长。

像这样能够促使我们成长的压力是"好压力"，是人生中必不可少的刺激。适当的压力能够激活我们的大脑，使我们增强注意力，提升记忆力。

如果总是做没有压力的工作，就不能提高自身的水平，也无法通过工作取得成就感和成长，只是茫然地度过每一天。

也就是说，如果没有好压力，我们就很难成长。

仔细想一想就会发现，我们在日常生活中总是会感觉到压力。

职场中的人际关系，上班、上学的辛苦，家务和育儿的疲惫……会使人感到压力的事情简直数不胜数。

要想逃避这所有的一切，从压力中彻底摆脱出来是不可能的。

但有压力也没关系。压力对于我们的生活来说是必不可少的，压力能够给我们以刺激，提高我们的生活品质。

> 反之，如果压力太大，超出了我们所能够承受的范围，那就会非常危险。

压力过大不仅会影响身体健康，还可能导致抑郁症等精神疾病。

因此，为了防止压力过大，我们必须做到以下两点。

①保证睡眠时没有压力；

②不要将压力和疲劳带到第二天。

消除每天的压力,并不等于"没有压力"。

即便在白天辛勤工作,积累了很多的压力,但到了晚上我们应当将其全部消除。像这样懂得正确面对压力,并且不让压力积累的人,才是真正"没有压力"的人。

"弓弦紧绷的人"和"游刃有余的人"

有的人在经常加班到深夜甚至通宵的企业之中工作几个月就会出现抑郁的症状。

但同时也有在同样的条件下工作几年也没事的人。

这两种人之间究竟有什么不同呢?

在心理学上有一个术语叫作"心理韧性(resilience)"。指的是人处于困难、挫折、失败等逆境时的心理协调和适应能力。

即便处于同样的环境下、承受同样的压力,每个人的感受也是不同的。有的人面对压力就像紧绷的弓弦一样,随时都可能会断掉,而有的人面对压力则像弹簧一样能屈能伸。

也有人将"心理韧性"称为"承受能力",但我个人更喜欢用"游刃有余"这种说法。

正如紧绷的弓弦这个比喻一样,如果一味地忍受压力,心灵就像紧绷的弓弦一样很容易断掉。但如果能够像弹簧一样面对压力能屈能伸，那么心灵就绝对不会出现问题。

弓弦紧绷的人 扛不住了

游刃有余的人 完全没问题

面对压力（牛）不能正面对抗，心理韧性高的人懂得如何排解压力

根据我的临床经验，"越是认真的人越容易抑郁"。因为认真的人总是正面对抗压力，结果总是感觉不安和烦恼，无法将压力归零。

这种不安和烦恼就不是前面说的"好压力"，而是"坏压力"。

消除坏压力对于成为一个"毫无压力的人"也至关重要。

当人们面对不安和烦恼的时候，首先想到的都是消除导致其出现的"原因"。如果无法消除"原因"，就易产生绝望的情绪，消耗身心的能量。但实际上，并不是必须要消除"产生压力的原因"。

只要稍微改变一下自己的"思考方法"和"对待压力的态度"，就能够游刃有余地面对压力！

这样一来,"不安"和"烦恼"也会随之消失。

本书将针对"人际关系""私人生活""工作""健康""心理"这5个容易使人产生不良压力的主题,为大家明确地展示"科学的依据"和"现在能够采取的行动"。只要把握科学的依据,知道现在应该做什么,就能解决90%的烦恼,接下来只需要立即行动起来即可。

整理身心的全面总结

很多商业书籍都一味地强调"从压力中挣脱出来""不要在意压力"之类的精神论,但实际上这种建议没有任何的意义。

本书是我根据身为精神科医生的经验,总结出来的完全现实可行且效果绝佳的方法。

我曾经出版过《最高学以致用法》《输入大全》等许多商业书籍,我在每一本书的后记之中都写有"希望不再有人受精神疾患的困扰,希望不再有人因此而自杀"这样的话。

为了实现这个理想,我通过每日发送的邮件杂志以及每日更新的视频"桦频道"不断地向大家传递"保持健康的方法"和"预防精神疾患的方法"等信息。

本书可以说是消除工作和私人生活之中人际关系的烦恼与不安以及为预防疾病整理身心的"全面总结",是我到目前为止的执笔活动和传递的信息的集大成之作。

我在写作本书时（2020年），正值出现新型冠状病毒之际，人们无法自由外出，生活环境也发生了巨大的变化。

现在的人们一定会感觉到更多的不安和压力，而且这种情况似乎还会持续下去。在"后新冠"甚至"与新冠共存"的时代，"应对不安与压力的方法"可以说是每个人都必须掌握的技能。

如果能够掌握不会被不安、烦恼以及压力影响的生活方法，无论时代发生怎样的变化，都能够取得成就感和实现自我成长，幸福地生活下去。

改变自己的人生，从"现在"开始！

希望你能够通过阅读本书，掌握应对不安与烦恼的方法，并且将其应用在实际的行动当中。通过亲身的实践，切实改变自己的人生。

首先请从序章的5个实践开始。然后可以在1～5章中选择自己感兴趣的内容进行实践。

最后，完全地掌握终章的内容，真正地实现"零压力"。

如果本书能够成为你人生中的"转折点"，那将是我最大的荣幸。

桦泽紫苑

本书的特点

特点 1 能够解决 90% 的"共通烦恼"

我通过"桦频道"向观众收集问题并进行解答。每天都能收到几十个提问。但其中的 90% 都与过去的问题相同。也就是说,这些问题我都已经回答过了。然而深陷在"烦恼"之中的人,根本没有多余的时间和精力去搜索答案。即便只需要稍微搜索一下就能立刻找到解决办法的问题,也会使人陷入烦恼与痛苦之中,甚至有时候还会引发精神类疾病。这真是非常可怕的情况。

消除"烦恼"乍看起来似乎是不可能做到的事情,至少我可以提供一些"有用的提示",接下来是否去尝试则由你自己决定。但我可以保证,只要你按照我写的方法去做,就一定能减轻甚至消除你的烦恼。

本书介绍的,都是我多年以来搜集到的最有代表性的烦恼,也是所有人都可能遇到的"共通的烦恼"。因此,本书介绍的方法也一定能够解决你 90% 的烦恼。

特点 2 专注于"行动"的方法

在写作本书的过程中,我阅读了 100 本以上心理学、社会学、哲学、宗教等与"烦恼"和"生活方法"相关的书籍。可以说关于世界上绝大多数的"烦恼"和"生活方法",我都找到了"答案"。

但在这些书之中,都没有说明"首先应该做什么"以及"从今天(现在)开始应该做什么"。也就是说,虽然这些书为解决烦恼指明了"方向",却没有明确地说明"行动(应该做什么)"。

即便情绪上得到了缓解,但如果不知道应该采取什么行动,则依旧处于"行动停止"的状态,不会使现实产生任何改变。

因此,本书的第二个特点就是一定会将"行动"明确地表示出来。

特点 3 提供真正有效的方法与更多的推荐内容

我在自己的频道上传了超过 2500 个解决烦恼的视频,得到了很多观众的回复。

其中很多回复写的都是"我尝试了一下,马上就取得了效果"之类的感激之言。本书收录的方法,都是类似于这样"取得了实际效果的建议",以及"真正有效的方法"。

仅凭科学的根据写出来的书,会使人产生一种"空洞乏味的说教感"。而本书则是我根据自己的经验总结出来的具有可行性的方法。

因为本书追求的是通俗易懂,所以可能有些读者在读完本书之后会感觉意犹未尽,希望"更深入地了解""学习更专业的内容"。因此,本书也将为这样的读者推荐更多的书籍和电影等内容。

我会将内容的难度用"☆(初级)""☆☆(中级)""☆☆☆(高级)"一目了然地标识出来,供大家作为参考。

通往零压力之路

将 ×× 疲劳归零！

START！

零压力的基础 序章 — 首先掌握 5 个基本方法

因为人际关系而感到疲惫 →

人际关系 第 1 章

在家中感到疲惫 →

私人生活 第 2 章

因为工作感到疲惫 →

工作 第 3 章

身体感到疲惫 →

健康 第 4 章

心里感到疲惫 →

心理 第 5 章

最后来思考一下"如何生活下去"！ →

GOAL

生活方法 终章

人生烦恼咨询室

目 录

前　言　成为"毫无压力的人"吧　　　　　　　　　　I
本书的特点　　　　　　　　　　　　　　　　　　　VII

序　章　基础的"解决方法"

零压力的基础

基础 1　用行动消除不安　　　　　　　　　　　　　3
基础 2　凭借自己的力量解决　　　　　　　　　　　8
基本 3　充分利用他人的帮助　　　　　　　　　　　13
基础 4　有规律的生活　　　　　　　　　　　　　　18
基 础 5　"早起散步"是最好的晨练　　　　　　　　23

第 1 章　不要改变他人，而是改变自己

人际关系

人际关系 1　不与他人比较　　　　　　　　　　　　31

人际关系 2　不被他人的意见所左右的方法　　　　　38

人际关系 3　"无法信赖他人"的解决办法　　　　　44

人际关系 4　区分"能信赖的人"和"不能信赖的人"的方法　　　　　　　　　　　　　　　　　　51

人际关系 5　与讨厌的人顺利交往的方法　　　　　　57

人际关系 6　"不想被他人讨厌"的应对方法　　　　63

人际关系 7　是否应该说出心里话　　　　　　　　　70

人际关系 8　如何应对有恶意的人　　　　　　　　　77

人际关系 9　如何改变他人　　　　　　　　　　　　84

第 2 章 "伙伴"与"家人"是活力的源泉

私人生活

私人生活 1	降低孤独的危害	93
私人生活 2	步入社会之后结交朋友的方法	100
私人生活 3	避免社交网络疲劳的方法	107
私人生活 4	了解对方是否具有善意的方法	114
私人生活 5	解决亲子问题的方法	119
私人生活 6	改善夫妻关系	125
私人生活 7	育儿问题的应对方法	132
私人生活 8	消除对护理的担忧	136

第3章 从"被动工作"中解脱出来

工作

工作1	解决职场的人际关系	147
工作2	"工作不快乐"的应对方法	154
工作3	无论如何都想要辞职时的应对方法	161
工作4	发现自己"天职"的方法	167
工作5	"担心被人工智能夺走工作"的应对办法	174
工作6	提高工作和学习专注力的方法	181
工作7	"记不住工作内容"的应对方法	187
工作8	"评价过低""无法升职"的应对方法	194
工作9	从事一项"副业"	201
工作10	消除"金钱不安"的方法	208

第4章 拥有"不知疲倦的身体"

健康

健康 1	解决睡眠不足的问题	217
健康 2	进一步提高睡眠质量的方法	224
健康 3	缺乏运动的解决办法	229
健康 4	坚持高质量运动的方法	234
健康 5	真正对健康有益的食物	241
健康 6	健康减肥的饮食方法	248
健康 7	正确面对嗜好品	255

第 5 章 整理内心成为"全新的自己"

心理

心理 1	怎样才能改变自己	267
心理 2	提高自我肯定感的方法	272
心理 3	"容易紧张"怎么办	278
心理 4	控制愤怒情绪的方法	285
心理 5	忘记不愉快的方法	292
心理 6	感觉"抑郁"的时候应该怎么做	299
心理 7	应对精神疾病的方法	305
心理 8	怀疑自己有发展障碍怎么办	312
心理 9	自己属于高敏感度的人怎么办	319
心理 10	预防认知障碍的方法	326
心理 11	"想死"时的应对方法	333

终章　精神科医师总结出来的"思考方法"

生活方法

生活方法 1　成为享受人生的人　　　　　　　　　343

生活方法 2　养成决断的习惯　　　　　　　　　　348

生活方法 3　思考"生命的意义"　　　　　　　　353

生活方法 4　思考"死亡"　　　　　　　　　　　358

生活方法 5　获得幸福的方法　　　　　　　　　　363

后　记　今后应该如何生存下去　　　　　　　　　371

序 章

基础的"解决方法"

零压力的基础

| 基础 1 | 用行动消除不安 |

关键词 ▶ 去甲肾上腺素、行动

"因为下周的会议感到不安""睡觉前感到不安""对未来的人生感到不安"……有调查表明,"最近感到不安"的人数占全体受访者的七成以上。面对不安,我们有什么解决办法吗?

事实 1 为什么会产生不安

当我们感到烦恼和痛苦时,肯定会感到"不安"。在非常烦恼的时候却没有丝毫的不安,这种情况是不可能存在的。因为不安的反面是"安心",而"安心的状态"="烦恼得到解决"。只要从脑科学的角度把握了不安的本质,就能找到解决的办法。

从脑科学的角度来说,人类之所以会产生不安,是因为体内**分泌出了去甲肾上腺素**。

去甲肾上腺素能够帮助人做出"战斗还是逃跑"的选择。请想象一下原始人遭遇剑齿虎的情景。如果剑齿虎已经发现了原始人,并且进入攻击状态,那么原始人必须在"战斗"和"逃跑"之中做出选择,犹豫只会带来死亡。

在这种情况下分泌的去甲肾上腺素能够使大脑变得更加清醒,集中注意力,让我们在一瞬间做出"战斗还是逃跑"的判断。

与去甲肾上腺素同时分泌的还有肾上腺素,肾上腺素能够提高心率,加速血液的流动。究竟是应该拼命逃跑,还是应该勇敢地战斗?去甲肾上腺素引起的不安和恐怖是帮助我们摆脱危机的原动力。

也就是说，去甲肾上腺素是在面对危机时不断地催促你"快点采取行动"的物质。

事实 2 什么也不做会使不安增加，行动能够减轻不安

当我们处于"危机状态"和"困扰状态"的时候，一定会产生不安。催促我们"立刻采取行动来摆脱这种状态"，就是不安在生物学上的意义。因此，如果我们什么也不做的话，不安的感觉会越来越强烈。

躲在被子里一味地烦恼"怎么办、怎么办"，只会让自己变得更加不安。但实际上，这是许多人都很容易陷入的误区。除非采取实际的行动，否则无论怎样烦恼都不可能解决问题。

要想消除不安其实非常简单，只要"行动"起来就可以了。

即便不能立刻彻底消除不安，但至少也能够使其得到减轻。因为与"什么也不做"相比，"做点什么"可以改变自己的心情。

> 人类感情中最本质的东西就是恐惧和不安。
> ——托马斯·霍布斯（英国哲学家）

正如前文中提到过的那样，去甲肾上腺素是"促使我们采取行动的原动力"。利用不安的能量来采取行动，随着能量的消耗，不安也会随之减少直至消失。这样我们就能够从困苦之中走出来。

事实 3　利用输出改变现实

在这个世界上，有的人属于"输入型"，有的人属于"输出型"。输入能够增加大脑中的知识和信息，但却不会对外界（现实世界）造成任何的影响。也就是说，单纯的输入无法改变现实，也不能让自己取得成长。

以解决烦恼为例。通过网络和书籍查找解决烦恼的方法，或许能够从中获得一些经验。但如果只是将这些经验输入大脑，却"不说""不写""不行动"，就无法改变现实，状况也不会好转。

"输入型"的人无法消除不安，也无法解决烦恼和问题。但只要通过与他人交流、倾诉或者写日记等方式输出不安，**只要积累每一个小的输出就能消除不安和烦恼，找到适合自己的"生活方式"。**

行动 1　3个行动

说到"行动"，可能给人一种并不容易做到的感觉，但本书为大家介绍的都是"切实可行的方法（行动）"。

比如让每天睡到中午11点的人"每天早晨就起床"，肯定会遭到对方的果断拒绝。但如果提议"比现在提前15分钟起床"，对方或许会愿意尝试一下。

所有的"行动"都可以细分化。只要降低行动的难度，就一定能找到可以做到的部分。

人类的烦恼大多与人际关系、交流，以及社会生活有关。这些都是与他人相关的烦恼，如果总是将自己关在家里就完全无法解决。

```
早起  →  早起1小时  →  早起15分钟
```

图 ▶ 降低行动的难度

人类的烦恼都需要通过行动来解决。"输入型"的人如果只是一味地收集信息，则无法改变任何状况。要想做出改变，首先就要行动起来。本书推荐以下3个方法。

（1）说

"交谈""咨询"都属于"说"的范畴。哪怕只是大喊一声"混蛋"，也能让心情舒畅，使压力得到缓解。**与朋友聊天不仅能够减轻压力，还能加深感情。**适当的"提问"也有助于帮你找到解决问题的灵感。

（2）写

"写"是比"说"更有效的输出。**写下自己的烦恼，就相当于将压力释放出来。**这样做还有整理思考，将烦恼明确化的作用。每天坚持写日记还可以锻炼自己的洞察力。

通过书写来整理思考，能够强化洞察力，找出错误的思考方法和感情，及时调整心态。本书将为大家介绍许多书写的方法。

（3）运动

如果不安的感觉非常强烈，那就立刻走出门去全力奔跑100米。跑完之后你的心情一定会舒畅许多。

因为不安是促使我们行动的原动力,所以只要全力以赴地行动起来,就可以将不安的能量消耗掉。"运动"是最好的消除不安的方法。

关于运动的详细内容我将在后文中为大家进行解说。运动能够激活我们体内的血清素,使去甲肾上腺素的分泌恢复正常,从而达到镇静大脑、放松精神、消除负面感情的效果。

综上所述,当你感到不安的时候,首先请"行动"起来。

基础 2　凭借自己的力量解决

关键词 ▶ 行动、反馈

据说每两个日本人中就有一个人在"烦恼"。由此可见,烦恼是十分常见的问题。

如果能够消除烦恼、减轻压力,我们的人生一定会变得更加轻松、快乐。

事实 1　什么是"烦恼"

什么是"烦恼"呢?因为某件事情感到痛苦、忧虑的状态就是烦恼。而解决烦恼,就是消除痛苦,让自己不再去胡思乱想。

我收到的关于烦恼的咨询邮件,从形式上来说基本上都是一样的。

"我因为与上司之间的人际关系而烦恼,究竟应该怎么做才好呢?"

"我患抑郁症已经3年了,虽然有在治疗但一直没什么效果,我应该怎么办?"

"我早晨完全起不来,有什么早起的好方法吗?"

大家发现了吗?上述烦恼的共同点都是**当事人不知道"应该怎么办"**。

因为不知道应该怎么办,所以无法改变现状,结果就会感到不安、担忧、心情沉重、痛苦,大脑里总是在思考这件事。这就是烦恼的状态。

那么,怎样才能消除烦恼呢?

消除烦恼的方法其实非常简单。**只需要把握应对方法和解决办法**(Know),**然后将其执行**(Do)。仅此而已。

```
  凭借自己的力量解决
        调查
烦恼  →         → 知道  → 行动
       求助他人   怎么做
        咨询
                 Know    Do
```

图 ▶ 消除烦恼的流程

要想把握解决办法,只有**"自己调查"**(凭借自己的力量解决)和**"找人咨询"**(求助他人的力量)这两种方式。

不知道解决办法,就好像在迷雾之中找不到方向,因为不知道自己是否能够抵达目的地,所以会产生不安。

但如果能驱散迷雾,看清目的地之所在,接下来只需要朝着目的地前进即可。这样一来,不安也自然会消失得无影无踪。

寻找解决办法并不需要很长的时间,绝大多数情况下只要1天就足够了。因此,完全没有必要让烦恼持续好几天、好几个月甚至好几年。

行动 1 将"烦恼"替换为"行动"

消除烦恼有"固定的方法和顺序"。也就是说,只要按照这个"固定的方法和顺序",任何人都能消除烦恼。消除烦恼的顺序分为以下4个步骤。

（1）将烦恼写出来

首先，将自己的烦恼尽可能详细地写出来。

"与上司的人际关系""经常被上司训斥""工作失误太多"，像这样逐条列举出来即可。总之尽可能全面、详细地写出来。因为写得越详细，消除烦恼的效率越高。

接下来，将逐条列举出来的烦恼整理成一篇文章。**可以想象自己要向他人倾诉自己的烦恼**，比如像下面这样。

> （例）"我对于和上司（课长）之间的人际关系感到非常烦恼。我工作上稍微有点失误，上司都会大发雷霆。明明没必要那么严格的。每天上司都会训斥我，搞得我也很受挫。坦白地说，我甚至不想再去公司了。我应该怎么办才好呢？"

然后自己将写出来的文章阅读一遍，客观地把握自己的状况和心理。通过输出大脑中的信息，能够从客观的角度审视自己，加深对自己的认知。

感到烦恼的人大多被"痛苦""难过""无法忍受"等负面的感情所支配，陷入思考停滞的状态，导致无法搞清楚自己究竟因何而烦恼，找不到原因。而通过将烦恼写出来，则可以客观地审视自己。

（2）调查应对方法

当搞清楚自己究竟因何而烦恼之后，接下来就是寻找应对的方法。本书介绍了许多常见的烦恼，大家可以寻找与自己的烦恼相符的内容来阅读。此外，本书中推荐的相关书籍也希望大家能加以参考。

阅读本书的关键，在于**找出3个自己能做到的"行动"**，并将它们写在笔记本上。

在调查应对方法时，很多人首先想到的可能是"上网搜索"，但实际上网络上的信息过于简单、不全面、准确性不高，甚至经常出现错误的信息。因此，我推荐大家在调查应对方法时首选"书籍"。

（3）行动

找到应对方法之后，接下来的步骤就是行动。按照应对方法采取行动，至少要坚持1~2周的时间。

如果认为自己"做不到""坚持不下来"，那说明找到的3个行动不对。可以按照我在前文中提到过的那样，将行动细分为能够做到的程度来降低难度，把你认为"做不到"的"行动"替换为"能做到的行动"，然后再重新尝试一下。**从脑科学的角度来说，"行动"具有非常重要的意义。**

（4）评价（反馈）

坚持行动1~2周之后，需要评价自己3个行动的完成情况。

评价的顺序1	写出3个没完成的原因
评价的顺序2	写出3个没完成的部分
评价的顺序3	写出3个接下来的行动

当然，这里说的3个是最少3个，如果你能写出更多的话那自然是越多越好。

另外还有一个小技巧,那就是先写"消极"的信息,后写"积极"的信息。这样在你写完之后,心情也会变得积极起来。

接下来的行动就是下一周开始的目标。

坚持一周之后再对其进行评价。不断地重复这个过程,只需要两三周的时间,你就能看到非常明显的效果。

请养成将"烦恼"全部替换为"行动"的习惯。这样你的烦恼就会在不知不觉间消失不见。

基础 3　充分利用他人的帮助

关键词 ▶ 倾诉、放松效果

在上一节，我为大家介绍了凭借自己的力量解决烦恼的方法，但有时候可能会遇到仅凭自己的力量无法解决的情况。在这种情况下，就只能寻求他人的帮助，也就是向他人"倾诉"。

某项调查的结果表明，64%的人都承认"在工作上存在烦恼"，其中有53%的人回答"没有进行过倾诉"。

另外，针对回答"曾经有过自杀想法"的人提出"在产生自杀的念头时，有和别人倾诉过吗"的问题，有60.4%的人回答"没有"。由此可见，大约2/3人在面对生死攸关的重大问题时，仍然自己一个人烦恼，没有向别人倾诉。如果你也属于这种情况的话，请一定要改变自己。

事实 1　日本人普遍"没有倾诉过"

日本没有倾诉的文化基础。日本人普遍认为找别人倾诉会让对方担心，为了不给别人添麻烦，在遇到问题的时候选择自己默默承受。

比如绝大多数的孩子即便在学校受到欺凌，也不会找家长或老师倾诉。而美国从小学开始就有校园心理辅导员，会定期地与所有学生交流，降低倾诉的门槛。美国人从小就习惯了倾诉，所以长大以后在遇到问题时也自然会找人商量。

事实 2 误认为"即便倾诉也没用"

我曾经询问不愿倾诉的患者:"为什么没有找人倾诉呢?"很多人给出的回答是:"我的问题并不是倾诉就能解决的,所以倾诉没有意义。"

确实,"婚姻问题"除了离婚,"与上司的人际关系不好"除了辞职之外都没有彻底解决的办法。但即便不能彻底消除导致烦恼和不安的原因,只要稍微改变一下思考方法,至少也能消除你的"不安""痛苦"和"难过"。

来精神科接受治疗的患者在进来的时候大多是一副闷闷不乐的样子,但很多人在倾诉 30 分钟之后,都感觉"心情舒畅了许多",离开的时候脸上是带着笑容的。"解决问题"的目的不只是"消除原因",**还有消除不安和压力。**

关于倾诉的好处请看下表。

表 ▶ 倾诉的好处

1. 放松效果 减轻压力,让心情更加舒畅
2. 减少不安 抑制杏仁核的兴奋度,语言信息能够抑制杏仁核的兴奋度
3. 整理烦恼 通过组织语言能够清晰地整理自己的烦恼
4. 语言化 让现状、原因、判断等内容清楚地浮现出来
5. 发现解决方法 通过倾诉使自己发现解决的方法
6. 专家的建议 专家能够为你提供解决方法

绝大多数的人都认为，倾诉就是"向专家寻求建议，让专家帮忙解决问题"。但这实际上只是倾诉的好处之一。只要进行30分钟的倾诉，就能消除大部分的不安和压力，因为倾诉本身就有"放松心情"的效果。

如果采取前文中介绍过的4个步骤，自己却没有成功解决烦恼和不安的话，不妨试试找人倾诉吧。

行动 1　寻找"能倾诉的人"

很多人回答自己不倾诉的原因都是"没有能够倾诉的人"。话虽这么说，他们实际上都有配偶、家人或者好友，并非"无法倾诉"，而是被"感觉难为情""不好意思给别人添麻烦"等想法所限制。但换个角度来想一下，如果是你关心的人遇到了烦恼，他们想来找你倾诉的话，你一定会非常欢迎吧？

首先，请找到一个你愿意倾诉的人。哪怕你有很多朋友，但如果没有一个能够在你遇到困难的时候让你倾诉，拥有再多的朋友也都是没有意义的。

然后，与自己的配偶或合作伙伴建立起能够对一些日常琐事畅所欲言的关系也十分重要。因为连日常琐事都无法畅所欲言的人，在遇到重要问题的时候将更加难以启齿。

行动 2　在做决定之前先倾诉

最近，不和上司倾诉，突然就递交辞呈的人似乎多了起来。根据一项关于"辞职"的调查结果表明，当员工表明有辞职意愿的时候，53.7%的人都受到了公司的挽留。也就是说，如果在辞职之前先和公司倾诉一下，公司或许会在待遇等方面做出让步。

不进行任何倾诉就突然做出重大决定绝非明智之举。或许有人感觉上司不值得信赖，但接受部下的咨询是上司的工作之一。而且有些事情如果员工不主动说明，公司方面也确实不知道。因此，即便对方是难以倾诉的对象，**也应该鼓起勇气去和对方倾诉一下试试**，或许会发现意想**不到的可能性**。

> 拿出倾诉的勇气。
> ——大野裕（精神科医师，日本认知行动疗法先驱者）

行动 3　活用"咨询窗口"

"我周围没有一个能倾诉的人……"

即便是这样的人也不要担心。日本所有的都道府县、市町村都设有"烦恼咨询窗口"。免费提供"健康咨询""法律咨询""金钱咨询""护理咨询"等各种咨询服务。

但很多人都不知道这件事，所以利用这些窗口的人非常少。咨询窗口的联系方式都刊登在日本自治体的官方网站和宣传杂志上，只要查一下马上就能找到。如果实在找不到，直接给自治体打电话也可以。

比如因为"不知道这种症状是否应该去医院"而烦恼的话，可以试着与"健康咨询"的窗口取得联系。

曾经有因为欠债而打算自杀的人在向"金钱咨询"窗口咨询之后，

完全打消了自杀的念头。因为向专家咨询，接受专家的建议之后，会使人感觉安心，面对现实。

还有的窗口接受匿名咨询。不希望曝光自己身份的人可以打电话咨询。

如果自己无法解决，可以寻求他人的帮助。一定有很多人愿意向你伸出援手，请相信这一点。

迷路的时候如果不及时询问，谁也不会知道你需要帮助。但如果你主动向别人问路，一定有人会很仔细地给你指路。**人类是能够通过帮助他人获得喜悦的生物**，利用自身的知识和经验为他人提供帮助并得到他人的认可，可以使自身的被认可的欲望得到满足。

请不要再说"我没有能倾诉的人"，不要被过度的自尊心束缚，该倾诉的时候就要勇敢地去倾诉。你一定能够开拓出崭新的人生道路。

如果你遇到困难却不去倾诉，一直处于不知所措的状态，可能会给他人带来更大的困扰。为了实现零压力，请大胆地向他人倾诉吧。

基础 4　有规律的生活

关键词 ▶ 优质睡眠、有氧运动、健康饮食

在前文中，我为大家介绍了消除不安和烦恼的方法，这些是守护心灵的方法。接下来我要为大家介绍的是预防疾病、保证身体健康的方法。

事实 1　抑郁症的前兆

如今，日本的抑郁症患者已经超过 100 万人。虽然确诊抑郁症并在医院接受治疗的人超过 100 万，但实际上还有许多"轻度抑郁""前期抑郁""隐形抑郁"的人，这些人群的数量大约是已经确诊人数的几倍以上。

要想预防抑郁症其实也很简单，那就是**"有规律的生活"**，这也是最有效的方法。睡眠不足、缺乏运动、饮食不规律，这些全都是影响生活规律的因素。

生活不规律会导致自主神经紊乱。人类在白天的时候"交感神经"处于活跃状态，使人体能够充分地运动。而到了夜晚则是"副交感神经"处于活跃状态，使人体能够放松地休息。如果自主神经出现紊乱，就会出现身体不适。因此，每天按时睡觉、按时起床，是"有规律的生活"的基础，请务必牢记。

行动 1　正确的习惯

预防疾病的方法有很多，其中最有效的就是"睡眠""运动""饮食"。

（1）睡眠

"每天保证 7 小时睡眠，但仍然患了抑郁症。"

我从没见过这样的患者。绝大多数的抑郁症患者都表示自己有"睡不踏实""睡不着"等睡眠障碍。这些情况常见于抑郁症发病前期。有数据表明"每 5 名睡眠障碍患者之中就有 1 名抑郁症患者"。

此外，对慢性失眠的人和睡眠充足的人进行 1 年的跟踪调查之后发现，前者抑郁症的发病率是后者的 40 倍。由此可见，抑郁症与睡眠障碍之间存在着非常密切的联系。

在积累了太多压力的时候，充足的睡眠能起到减轻和消除压力的作用。反之，如果睡眠不足就无法消除压力，导致压力和身体的疲劳不断积累。

很多人在工作繁忙的时候都倾向于削减睡眠时间来加班工作，**但实际上越是繁忙的时候越应该保证充足的睡眠。**最少也要保证 6 小时的睡眠时间（有关睡眠内容请参见 217 页）。

（2）运动

"每周去两次健身房健身，但仍然患了抑郁症。"

我从没见过这样的患者。运动是非常有效的治疗抑郁症的方法。据说每周进行 **150 分钟以上的有氧运动，能够起到与药物治疗同样的效果。**由此可见，运动能够有效地预防抑郁症。

奥地利的一项研究表明，完全没有运动习惯的人与每周运动 1～2 小时的人相比，抑郁症的发病风险高 44%。不运动的人在 1 年后抑郁症的发病率是定期运动的人的 1.8 倍。

哈佛大学也有研究表明，经常运动能够降低 20%～30% 的抑郁症的发病率。

具体来说，跑步、游泳等有氧运动，普通的散步和瑜伽等低强度运动都有改善心情的作用。在抑郁症的预防和治疗上，有氧运动的效果已经广为人知，最近"肌肉锻炼"也被发现对治疗抑郁症有一定的帮助。

运动能够"促进血清素分泌""改善睡眠质量""降低压力荷尔蒙""分泌促进大脑神经成长的物质脑源性神经营养因子（BDNF）"，具有非常多的好处。

不过对于工作繁忙的人来说，平时可能没有时间运动，所以请从休息日运动1小时开始吧。

（3）饮食

最近有越来越多的研究结果表明，饮食对预防和治疗抑郁症有一定的效果，因此饮食与抑郁症之间的关系也得到了世人的关注。

虽然很多健康法都给出了"不吃早餐比较好""一天吃1~2顿饭比较健康"等各种各样的建议，但从预防精神系统疾病的角度来说，一日三餐的饮食平衡非常重要。

根据日本国立精神・神经医疗研究中心的研究结果，抑郁症人群中"基本每天都吃早饭的人"是"几乎不吃早饭的人"的0.65倍，反之，"几乎每天都吃零食和宵夜的人"是"很少吃零食和宵夜的人"的1.43倍。

此外，咀嚼也非常重要。**咀嚼10~15分钟能够使血清素得到激活。**吃早饭的时候细嚼慢咽，可以使血清素从早晨开始就处于活跃的状态。抑郁症实际上就是血清素不足导致的疾病，所以通过咀嚼来激活血清素具有非常重要的意义。

早餐也并非吃什么都可以。简单来说，典型的日本料理有益于健康，而快餐则对健康不利。

有研究机构以大约 500 名日本成年男女为对象，分别给他们吃"日本料理""以鱼和肉为主的肉类料理""以面包为主的西餐"，结果发现"日本料理"对抑郁症有 56% 的抑制效果，而"肉类料理"和"西餐"则没有明显效果。

研究发现，"色氨酸""维生素 B_1""叶酸"等营养元素都对抑郁症有治疗效果。含有这些营养元素的食物可以说是不胜枚举，早餐中比较常见的有盐烤秋刀鱼、鸡蛋（或者纳豆）盖饭、豆腐裙带菜味噌汤。只要坚持吃这些传统的日本料理，就能获得均衡的营养。如果实在没时间吃早饭，那每天早晨吃一根香蕉（含有丰富的色氨酸）也可以。

表 ▶ "日本料理"的特征

1. 由主食、主菜、配菜、汤搭配而成的营养均衡的三菜一汤
2. 豆类、芝麻、裙带菜、蔬菜、鱼、香菇、芋头等健康食品
3. 以鲐鱼、鲱鱼、秋刀鱼等鱼类为主，肉类较少
4. 味噌、酱油、纳豆、腌菜等发酵食品
5. 含盐量高（尤其是酱油和腌菜等要注意不要摄取过量）

此外，有许多研究结果证实绿茶和咖啡对保持精神健康很有好处。这种效果并非咖啡因带来的，而是与绿茶和咖啡之中的"抗氧化成分"有关。但如果喝得太多会导致过量摄入咖啡因而影响睡眠，所以应该控制在每天 1~2 杯比较合适。

表 ▶ 有规律的生活

1. 睡眠 保证每天 7 小时以上的睡眠（最少也不能低于 6 小时）	
2. 运动 每天 20 分钟（每周 150 分钟）以上中等强度的运动（晨练、慢跑等）	以此为基础 安排生活吧
3. 饮食 一日三餐均衡营养（早饭吃"日本料理"），细嚼慢咽，绿茶和咖啡每天 1~2 杯	

这些内容看起来似乎很简单，但仔细检查一下就会发现，其实自己有许多都没有做到。最简单的方法最有效，请大家一定要以此为基础来让自己的生活变得规律起来吧。

基础 5 "早起散步"是最好的晨练

关键词 ▶ **血清素**

在序章的最后我要为大家介绍的是"早起散步"。现在,很多名人都通过视频网站分享自己的晨练方法,但作为精神科医师我最推荐的晨练就是早起散步。

早起散步的方法非常简单,只需要早晨起床 1 小时之内散步 15~30 分钟。这样可以激活体内的血清素,让身体的生物钟重置,将自主神经的活跃部分从"副交感神经"切换到"交感神经"。要想实现零压力,这是最为有效的健康习惯。

事实 1 早起散步的科学依据

根据我从事精神科医师 25 年以上的经验,我发现不容易治愈的患者每天都睡到中午才起床。

当我要求不容易治愈的患者坚持每天早起散步之后,他们的症状都有了明显的改善,因此现在我向所有人都推荐早起散步的晨练方法。很多治疗多年也不见好转的抑郁症和惊恐障碍等精神疾病患者,在坚持早起散步之后都反映"病情好多了"。

即便是没有精神疾病的人,也可以通过早起散步来提高自己上午的工作表现,同时还能提高睡眠质量。

在前文中我为大家介绍了"睡眠""饮食""运动"的重要性,而早起散步包括了与健康相关的全部要素。**早起散步可以说是对精神健康最**

有益的晨练方法。

关于早起散步的效果，有以下 3 个科学依据。

（1）激活血清素

血清素可以通过"晒太阳""做韵律体操"和"咀嚼"等方法激活。早起散步同时包含"晒太阳"和"做韵律体操"这两个要素，能够充分地激活血清素。

血清素是与胃动力、内驱力（食欲、睡眠、性欲）以及情绪有关的物质，血清素降低容易导致抑郁症。**激活血清素能够使人神清气爽、干劲十足，提高工作时的注意力集中度。**

并且，从傍晚开始身体会以血清素为原材料制造睡眠物质——褪黑

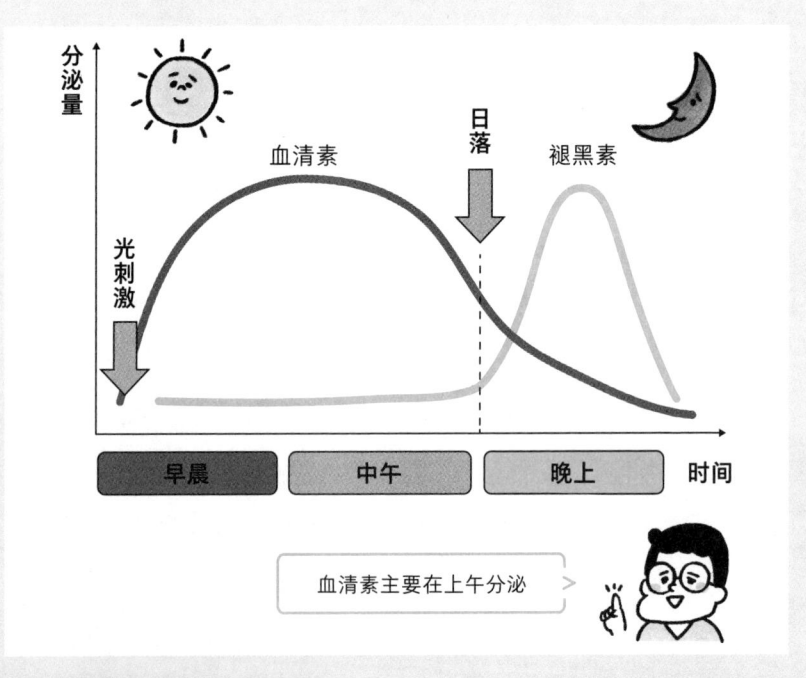

图 ▶ 血清素主要在上午分泌

素。充分分泌褪黑素能够提高夜晚的睡眠质量。

如果工作繁忙，总是处于压力很大的状态，会影响血清素的分泌。而每天坚持早起散步则能够有效地激活血清素，使我们可以从容地面对压力，并且消除大脑的疲劳。

（2）重置生物钟

人体内有一个生物钟，平均周期大约为24小时10分钟左右。如果不对体内的生物钟进行重置，每天就寝的时间就会往后延长10分钟，长此以往会导致生活规律颠倒。

人类的睡眠、清醒、体温、荷尔蒙、代谢、循环、细胞分裂等全都在生物钟的控制之下，所以一旦生物钟出现混乱，人体就会像"没有指挥的交响乐团"一样乱成一团，很容易出现高血压、糖尿病、癌症、睡眠障碍、抑郁症等疾病。

要想重置生物钟，最有效的方法就是晒5分钟太阳（2500勒克斯以上）。因此，坚持每天早晨出门散步是最好的选择。

（3）产生维生素D

维生素D是帮助钙质吸收，使人体骨骼强韧的重要维生素，但与此同时，维生素D也是人体非常容易缺乏的维生素。据说80%的日本人都存在维生素D不足的情况，甚至有40%的日本人严重缺乏。

缺乏维生素D容易导致骨质疏松症，增加骨折的风险。而骨折之后往往需要静养，长期不运动又会导致肌肉萎缩。老年人可能会因此而需要他人的照顾甚至卧床不起。

虽然我们可以通过食物摄取维生素D，但实际上人体本身也能够产生维生素 D。当人体的皮肤受到阳光（紫外线）照射的时候就会产生维生素 D。

每天早起散步 15 ~ 30 分钟，人体就能够产生一天所需的维生素 D。可能有很多女性读者对紫外线比较在意，但与阳光强烈的中午不同，在光照相对缓和的早晨晒太阳并不会对皮肤造成什么影响。

综上所述，患有精神疾病的人、晚上睡眠质量不好的人，以及希望提高工作表现的人，都应该养成每天早起散步的好习惯。

行动 1 具体的散步方法

散步的基本方法是"起床后 1 小时之内，散步 15 ~ 30 分钟"，请在上午（10 点之前）进行。即便下雨也没关系，除非大暴雨没法出门。需要注意的是不要戴太阳镜，不要过度隔离紫外线。

如果是身体健康的人，15 分钟左右就能激活体内的血清素。但如果是"患有精神疾病的人""精神状态差的人""睡眠有问题的人"，可能血清素神经相对较弱，所以最好坚持 30 分钟。

但超过 30 分钟会使血清素神经感到疲惫，反而会产生相反的效果，这一点请务必注意。

此外，起床 3 小时之后才开始散步，会使体内的生物钟向后推迟 3 小时，也会导致产生相反的效果。请一定在起床后 1 小时内散步。

健康的人即便在光线比较好的室内也能在一定程度上重置体内的生物钟。但身体处于亚健康状态的人以及精神状态差的人在室内无法满足激活的需求，请一定走到室外去晒太阳。

散步之后别忘了吃早餐。**吃早餐能够修正"大脑生物钟"和"人体生物钟"之间的偏差。**

吃早餐的时候需要注意的是细嚼慢咽。"咀嚼"属于有规律的运动，有助于激活血清素。

如果天气实在太恶劣无法出门，可以在室内做广播体操，也能够达到激活血清素的效果。

行动 2 更有效的散步方法

早起散步时不需要跑步。散步时的节奏很重要，可以自己在心中喊"一、二、一、二"。体力充沛的人可以尝试快步走。

之所以要求大家早起散步（在上午10点之前），是因为午后散步激活血清素的效果很差。

人体在生物钟重置之后，过15~16小时就会开始分泌褪黑素，使人感到困倦。**以此推算，在上午7点的时候重置生物钟，到晚上10点~11点的时候就会自然地产生睡意。**如果在上午8点的时候重置生物钟，那么到晚上11点~12点的时候才会产生睡意。如果在中午11点才开始散步，那么体内的生物钟重置也会延后。

之所以不能戴太阳镜，是因为要想激活血清素，必须让视网膜接受一定程度的光线。

此外，在皮肤上涂太多的防晒霜（具有抗紫外线效果）会影响维生素D的生成，请务必注意。

事实 2　首先降低难度来养成习惯

早起散步并不需要"早晨 5 点起床"。"无法早起的人""身体处于疲惫状态的人"以及"有精神疾病的人"如果早晨勉强起床，反而会使状态更差。因此，一开始不要勉强自己起得太早，只要坚持起床后出去散步就可以了。

虽然最好能够每天都坚持散步，**但实在坚持不了的话，每周散步 1~2 次也能取得一定的效果。**即便是不定期的散步，也能对身体状况有所改善。

为了让自己能够更好地把握散步的节奏，可以在散步时用耳机听听音乐。听着喜欢的音乐散步也能使自己在起床后有个好心情。

实在不想出门的话，也可以先从站在阳台或者院子里晒太阳开始。然后逐渐散步 5 分钟、10 分钟、15 分钟……一点一点地增加时间。只要行动起来就一定能够取得成果。

到此为止，我为大家介绍了 5 个基本的方法，这些都是实现零压力的基础，请大家一定要掌握。

第 1 章

不要改变他人，而是改变自己

人际关系

人际关系 1　不与他人比较

关键词 ▶ 向上比较、向下比较、模仿

"他比我工作能力更优秀""头脑更好""长得更帅""更有钱"……

根据某项调查，回答"曾经因为与他人比较而感到消沉"的人占全部回答者的45.2%。也就是说，大约一半的人都有与他人比较的习惯。如果你也曾经与他人进行过比较，请不必担心，这是很正常的情况。

事实 1　人类是喜欢与他人比较的生物

人类总是会不自觉地与他人比较，然后因为自己不如他人而感到失落和消沉。甚至会产生"为什么我这么差劲"的自责，或者因为嫉妒心理而产生攻击他人的负面想法。

但即便你曾经产生过类似这样的负面想法也不必自责，因为这是每个人都可能出现的情况，也就是所谓的"人之常情"。

> 人类是喜欢与他人比较的生物。
> ——利昂·费斯廷格（美国心理学家）

提出"社会比较论"的费斯廷格认为，人类与他人比较是出自本能，或者说无意识下的反应。也就是说，绝大多数人都有与他人比较的心理习惯，**不止你一个人有"因为与他人比较而感到消沉"的心理，绝大多数人都是如此。**

因此，完全没必要因为与他人比较而感到自责或者失落。

事实 2　与他人比较会招致不幸

总是与他人比较确实会招致不幸。在这个世界上有许多比自己更优秀的人。即便只是在日本国内，在"工作""学习""体育""收入""容貌"等方面比自己更好的人也数不胜数。如果总是去进行比较，只会让自己越发消沉。

即便你在某项体育运动方面成了日本第一，但肯定有人收入比你更多，还有人比你容貌更好。或者即便你成了日本第一，但在世界范围内却根本排不上名。**因此，一味地与他人比较根本不会有任何好的结果。**

越与他人比较，自己就越不幸。与比自己更优秀的人进行比较的心理被称为**"向上比较"**。虽然在向上比较之中也有"渴望成为更好的自

积极的向上比较
了不起！
我也要努力！
总有一天要超过他！

比自己更优秀的人

自己

消极的向上比较
我不行……
绝对比不过他……
可恶！我要给他捣乱……

图 ▶ 向上比较

己"这种积极的心理因素，但绝大多数人都是通过向上比较找出自己的缺点，无意识地进行消极的比较。

行动 1 与自己进行比较

既然与他人比较会招致不幸，那应该怎么做才好呢？

答案是不与他人比较，而是与自己进行比较。将过去的自己和现在的自己进行比较。3个月之前的自己、1年之前的自己、3年之前的自己、10年之前的自己。即便现在的自己仍然不够优秀，但至少与3年前的自己相比稍微有些进步吧。

如果与过去的自己相比仍然没有进步，那就从现在开始努力，争取3个月之后取得成果。这样一来你就可以说："与3个月之前的自己相比，我已经取得了这些进步。"

"我每个月只有20万日元的薪水，但去年我的月薪是18万日元。今年增加了2万日元呢！"

"我托业考了400分。但比上次多了30分！"

"今天又加班了。但昨天差一点就没赶上末班车，今天能在晚上10点之前下班还挺幸运的！"

像这样与过去的"负面状态"进行比较，就会发现自己现在处于"正面状态"。

如果能够切实地感觉到自己取得了成长和进步，就会自然而然地产生"还要继续努力"的想法。哪怕只是取得了很少的成果，也能让我们每天都保持好心情，产生更多的动力。

与他人相比，只能凸显出"自己不足的部分"，而与过去的自己相比，则能凸显出"自己变化的部分"。如果能够从这些变化中发现自己有所成长，就能使自己变得更有自信。

当产生想与他人比较的冲动时，请先想一想"1年前的自己是什么样的"，通过与自己进行比较来清除想与他人比较的冲动。

事实 3 与比自己更差的人比较会停止成长

与他人比较，当然也包括与比自己更差的人比较。

"我每个月只有20万日元的薪水，但是我的同学B君只有15万日元。我比他强多了。"

"今天又加班了。但B君的公司更黑，每天他都要坐末班车回家。我比他强多了。"

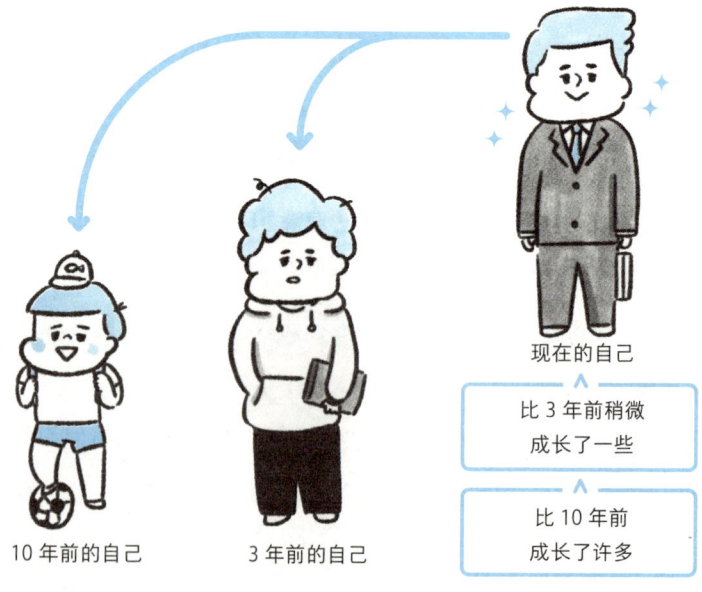

10年前的自己　　3年前的自己　　现在的自己

比3年前稍微成长了一些

比10年前成长了许多

图 ▶ 与过去的自己进行比较

34

与比自己更差的人比较，认为自己比对方更强的心理在心理学上被称为"向下比较"。向下比较能够使人获得一些心理上的安慰。但这样就很难使人产生"我要更加努力"的动力。

总是觉得"还有很多人不如我"，会使思考和行动都陷入停滞，使人无法成长。如果总是向下比较，只去寻找那些比自己更差的人，可能还会使自己变得骄傲自大起来。

一味地进行向下比较也许会使自己距离幸福越来越远，所以要特别注意"与他人比较"的心理习惯，尽量控制自己不要与他人比较。

行动 2　不与他人比较，而是观察他人

即便知道不应该与他人比较，但是如果在自己的周围存在"优秀的人"，自己的注意力还是会不自觉地被吸引过去。

比如你在公司的销售部门工作。和你一起入职的 C 君这个月成了销售冠军。但你的销售额却是倒数第一。

或许你会认为"同期入职的 C 君是销售冠军，我却是倒数第一。我可真没用啊"。但与其沉浸在这种感伤之中，不如仔细观察 C 君。

"为什么 C 君能拿到这么多的订单？"

"他是怎么对客户进行管理的？他在销售时使用了什么话术？"

"他什么时候来上班，什么时候下班？午休的时间是怎么度过的？"

销售冠军就是活生生的"销售教科书"，既然自己身边就有这样的人，应该彻底向他学习，学习他的销售方法以及时间的利用方法，等等。**不与他进行比较，而是对他进行"观察"。**

绝对不能因为嫉妒而对 C 君恶意中伤。正确的做法是搞好和 C 君的

关系，向他请教销售的秘诀。即便无法立即掌握销售的秘诀，也可以向他询问平时都看些什么书，请他推荐一些有用的商务书籍。

行动 3 不要"嫉妒"要"尊重"

人类无法从讨厌的人身上学到任何东西。如果带着嫉妒、厌恶等负面的感情去观察，就只能看到对方身上负面的部分。

请试着尊重比自己更加优秀的人。当你尊重他人的时候，就会产生"我也想变成那样"的意愿，从而能够更好地发现对方身上的优点。这在心理学上被称为**"模仿"**。只要尊重对方，就能在无意识中发现对方的优点，并且在无意识中进行模仿。

彻底地观察，彻底地模仿。这样一定能够提高自身的能力。

"悔恨""羡慕""嫉妒""自责"等负面的感情没有任何意义，甚至可以说有百害而无一利。如果要与他人比较，就必须抛弃一切感情因素，站在中立的立场上，观察"自己做不到，但对方能做到"的事情，带着尊重的态度去模仿。

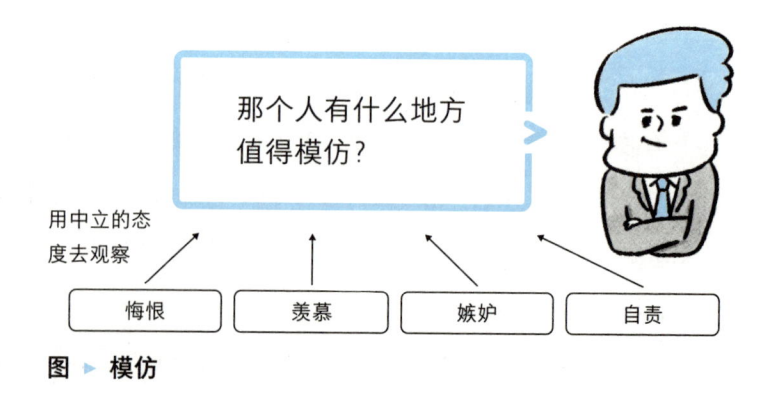

那个人有什么地方值得模仿？

用中立的态度去观察

悔恨　　羡慕　　嫉妒　　自责

图 ▶ 模仿

希望进一步了解的人

《一瞬间改变：甩不掉的嫉妒和自卑》
（大岛信赖 著）

难易度 ★

　　这是一本详细解说消除嫉妒的方法的书。为什么会产生嫉妒？导致产生嫉妒的原因之一"劣等感"的真面目是什么？如何将其消除？遭到他人"嫉妒攻击"的时候应该如何应对？本书从脑科学和心理学两方面，对关于嫉妒的所有内容进行了全面且通俗易懂的解说。"思考产生的嫉妒是否属于'他人的问题'""与10年后的自己交流""为他人的成功感到喜悦"等应对方法也非常明确且实用。

人际关系 2　不被他人的意见所左右的方法

关键词 ▶ 自我洞察力、最优解、从众压力

"很容易受周围人意见的影响"。

"没办法拒绝别人的要求"。

"被家人、上司或者立场坚定的人批判后无法反驳"。

"总是被态度强硬的人将意见强加在自己身上"。

很多日本人都很在意别人的看法。在某项调查之中，回答"容易服从多数派的意见"的人占全体的 30.7%，如果将回答者的群体限定在 30 多岁的女性，这个比例更是高达 41.0%。

即便拥有自己的意见和想法，但能够不被他人的意见所左右，自己做出判断和决定的人仍然属于少数。也就是说，绝大多数人都很容易受周围人意见的影响。

事实 1　随波逐流会招致不幸

遵照他人的意见生活，就是在为他人生活。而为他人生活，是在浪费自己的时间和人生。

怎样才能不随波逐流，不遵照他人的意见生活呢？**首先，要知道不同的人意见也各不相同。**

父亲和母亲的意见不一样，妻子和丈夫的意见不一样，朋友 A 和朋友 B 的意见不一样，邻居 C 和邻居 D 的意见不一样，就连电视和杂志上

的内容也各不相同。

每个人都会根据自己的价值观将自己的意见和想法强加于你。**如果一味地迎合他人的意见，就必须对任何人都言听计从。**但实际上这是不可能做到的。因为当你按照某人的意见行动时，肯定会有人对你说"不能这样做"。

假设你身边有 10 个人，要想完全按照所有人的意见行动是不可能的。因为这 10 个人可能有人让你"往左走"，有人让你"往右走"，有人让你"往前走"。如果你完全听取他人的意见，就会迷失人生的方向。

为了避免出现这种结果，你必须在明确目标之后就朝着目标直线前进。如果没有明确的方向，而是忽左忽右地徘徊，就永远也无法抵达目标。

> 你的时间是有限的。
> 所以绝对不能为他人而活，浪费宝贵的时间。
> ——史蒂夫·乔布斯（苹果创始人）

事实 2 他人不会承担任何责任

周围的人对你指手画脚地说"应该这样做才对""那样做比较好"，但如果你真的按照他们说的去做却非常失败，到时候没有一个人会对此承担责任。

比如一切都听父母的，等到父母去世之后才发现自己的人生并不如意，这个时候就算抱怨也无济于事。

或者听从朋友的建议，却没有取得理想的结果。这个时候就算对朋友抱怨，朋友也可能会说：**"我说过那样的话吗？"**

有时候你可能很认真地听取了他人的意见，但别人其实只是随口一说。在接受他人的倾诉时条件反射地说出了临时想到的主意，这样的人也是有的。将别人随口一说的意见当成金玉良言，一丝不苟地按照别人说的去做，这样的人生怎么可能幸福呢？

他人的意见最多只能作为参考。 自己的人生最终必须由自己来做出决定。哪怕 10 年后发现当初的决定是错误的，但因为是自己做出的决定就只能愿赌服输。要是当初是遵照了他人的意见，那一定会感到非常的后悔吧。

应该向左走

应该向右走

到底应该向哪边走呢？

图 ▶ 容易被他人的意见所左右的人

不过，有时候即便知道"不能被他人的意见所左右"，却还是会不由自主地受到影响。这种情况是因为缺乏自信所导致的。因为对自己缺乏自信，所以与坚持自己的意见和想法相比，会感觉"遵照他人的意见更好"，并且按照他人的意见来采取行动。

行动 1　明确自己的意见

"明确自己的意见"和"知道自己想要做什么"非常重要。如果不知道自己想要做什么，就很容易受到他人意见的影响。

如果你非常清楚自己想要做什么，就不会在意他人的意见。只需要朝着自己的目标前进即可。

为了做到这一点，需要经常思考"我想要怎样的人生""我想做什么""我想取得怎样的成就"。你是否拥有明确的意见呢？请试着回答下面这两个问题吧。

> （1）对你来说最重要的价值观是什么？
> （2）你的愿景是什么？（愿景就是你将来的理想状态）

如果能够毫不犹豫地回答出这两个问题，就说明你不会受他人的意见所左右，拥有自己的生活方式。

行动 2 通过书写来锻炼"自我洞察力"

即便我对大家强调"一定要拥有自己的意见"，但肯定也有很多人认为"我不知道自己想做什么""我没有（不知道）自己的想法和意见"。为了让自己的思考变得明确起来，最好的锻炼方法就是输出。

输出包括"说""写""行动"。用嘴巴说可以加深思考，实际的行动则可以明确思考是否正确。

锻炼自我洞察力最好的方法就是"写日记"。最简单的日记就是将当天遇到的开心事写出来。

日记可以写在笔记本或日记本上，如果愿意发表在社交网络上则更有效果。**可能会被他人看到、会遭到他人批判的这种紧张感能够使你更加认真，提高输出的效果。**

还可以针对新闻内容写几句自己的看法或评论然后分享出去，这也是明确自己意见的一种锻炼。

只要每天坚持下去，就一定能够提高将"自己的想法"转变为"文字"的能力。

"我在思考什么？"

"我在做什么的时候会感到快乐？"

写日记能够客观地观察自己。如果能够发现自己擅长的事情和优点，就会使自己产生"自信"。最终的结果是提高自我洞察力。

养成积极思考的习惯，事先准备好应对各种情况的"最佳解决方案"。平时没有思考习惯的人，因为无法对他人的意见提出反驳，所以就只能随波逐流。

写文章能够加深对自己的洞察。只要拥有"自己的意见"，你就不会轻易地受到他人意见的影响。

行动 3 事先将决定写下来

假设总共有 6 个人出席会议，对是否应该开展某个项目进行表决。如果让每个人依次发表意见，当前三个人全都说"反对"的时候，本来打算说"赞成"的你可能也会受"从众压力"的影响而说出"反对"。因此，会议最好不要用"口头表决"的方式来做决策。

正确的做法是让每个人将自己的意见写在纸上，然后依次将自己写下的意见读出来。这样就能保证表决者不会受从众压力的影响。

也就是说，事先将自己的想法写在纸上，就不会受从众压力的影响。

比如需要在会议上发表自己意见的时候，事先将自己发言的主要内容写在纸上，到时候只要照着读就行了。

经常有患者对我说："我坐在这里感觉非常紧张，没办法将想要表达的内容说出来。"在这种情况下，我会让他们将想要表达的内容写在纸上，然后再将纸上的内容念出来。所有的患者按照我的这种方法都战胜了紧张和压力，将想要表达的内容很好地表达了出来。

可能有人觉得"只是将想要说的内容写在纸上就能不受周围的影响了吗？哪有这样的好事"。对此有怀疑的人可以看一看电视上的会议讨论转播。

回答提问的大臣即便面对在野党议员咄咄逼人的责问和挑衅也不为所动，能够有条不紊地进行答辩。因为大臣只是将事先准备好的回答朗读出来而已。

事先做好准备然后朗读，这就是不受周围影响的最强方法。

希望进一步了解的人

《决断力》（羽生善治 著）

难易度 ★★

拥有天才能力的专业人士和运动员有很多，但能够对自己"大脑"和"身体"发生的情况进行客观的分析并且用语言表达出来的人却少之又少。名人羽生善治棋士就是这少数人之一。在将棋的世界之中，每一手都必须做出决断。关乎胜败的重大决断究竟是怎样做出来的呢？这是一个让人非常感兴趣的问题。

即便像羽生这样的名人，也承认自己曾经犯过"错过绝杀"的基础错误。但关键在于做出错误决断之后的应对方法。只要不被失误和失败影响，就能在逆境之中找到出路。这是一本能够给人带来许多启发的书，可以配合羽生的另一本书《大局观》一同阅读。

人际关系 3 "无法信赖他人"的解决办法

关键词 ▶ 自我表露、建立亲和感、曝光效应

在某项调查之中，回答"拥有能够真正信赖的伙伴"的人占全体的38.7%，剩下的人都回答"没有能够真正信赖的伙伴"。在职场之中，回答"无法信任上司"的人也占60%左右。

由此可见，无论是在工作还是生活之中，都有一半以上的人没有能够信赖的朋友或上司。

事实 1 一开始不信赖是理所当然的

精神科的患者经常说："找不到能够信赖的医师。"但实际上，要想找到能够在初次见面的瞬间就产生信赖感的医师基本是不可能的。

为什么这么说呢？因为信赖属于一种"人际关系"。而两个在之前的人生之中完全没有交集的人之间的"人际关系"指数是"0"。

信赖

信赖关系需要时间

最初的信赖度肯定是0

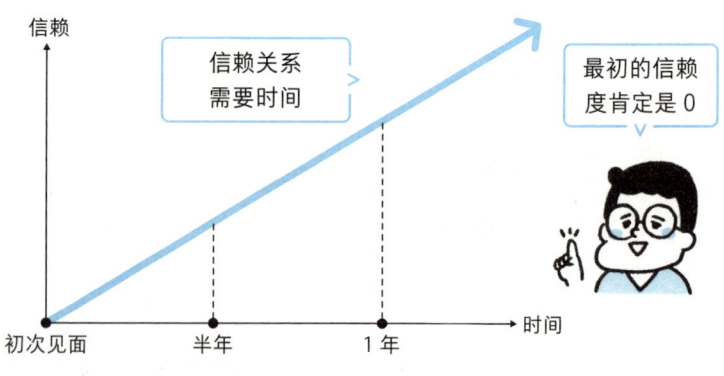

初次见面   半年   1年   时间

图 ▶ 信赖与时间的关系

当两个人相遇之后，通过交流互相了解，信赖度就会逐渐提升。如果再见面两三次，相互之间有了更深入的了解，信赖度还会得到进一步的提升。当信赖度提升到一定程度的时候，就会产生"这个人值得信赖"的感觉。

信赖关系是需要花费时间来建立的关系。

在一开始的时候，所有人的信赖度都是"0"。所以"无法信赖他人"的感觉其实是完全没有任何问题的。

因为最初的信赖度为"0"，而且信赖关系需要逐渐建立，所以能够在几个月之后建立起信赖关系就算非常快了，可以说是非常成功的人际关系。

行动 1 建立信赖关系需要双方的努力

建立信赖关系，就像是两个人齐心协力用砖头盖房子。如果只有一个人努力，而另一个人不努力的话，房子是很难盖起来的。必须两个人共同努力才行。

在人际关系上遇到问题的人，大多自己不努力建立信赖关系，却还认为"都是对方的责任"。

尤其是在"医生与患者"的关系之中，有不少人都认为"建立信赖关系完全是医生的责任"。

在职场、恋爱以及夫妻之间也是如此。"上司什么也没做""丈夫（妻子）什么也没做""他（她）什么也没做"……与其一味地指责他人，不如试着自己先拿起信赖的砖，为盖好房子而努力。

建立信赖关系需要合作。**人际关系有问题、无法建立信赖关系的情况，责任并不都在对方身上。**

你自己的身上也有原因和责任。如果不改正自己的错误，不主动去付出努力，就永远也无法建立信赖关系。

事实 2 建立亲和感需要 3 个月以上

在心理学上，将建立信赖关系称为**"建立亲和感"**。

一旦建立起了亲和感，双方就能够互相敞开心扉，就会达到"感受到心意相通""能够将自己的烦恼全部告诉对方"的状态。

那么，建立亲和感需要多长时间呢？一般来说，至少需要 3 个月。心理咨询师在接待患者并开始进行交流之后，至少要经过 3 个月的时间，才能使患者进入"愿意将烦恼全部倾诉出来"的状态。

如果你进入一个新职场 2 个月之后仍然没能适应新职场的环境，这是非常正常的情况。这并不是你的错，也不是上司和同事的错。因为建立信赖关系需要花费一些时间。请不必焦虑，只要继续按部就班地建立信赖关系即可。

事实 3 不打开自己的"心扉"就难以加深信赖关系

通过将自己的事情告诉对方的自我表露，能够逐渐地打开对方的心扉。

在两个人刚接触的时候，双方的心扉都处于关闭的状态。如果其中一方通过自我表露稍微打开自己的心扉，另一方也会进行同等程度的自我表露将心扉打开相同的程度。再经过两三次的后续接触，双方自我表露的程度越来越高，心扉打开的程度也越来越大。这被称为"**自我表露的回报性法则**"。

心扉只能从自己的内侧打开。

因此，无论对方如何对你敞开心扉，如果你自己不主动打开心扉的话，心扉就永远也不会打开。突然出现骑着白马的王子，温柔地打开你的心扉，这是只存在于童话之中的故事。

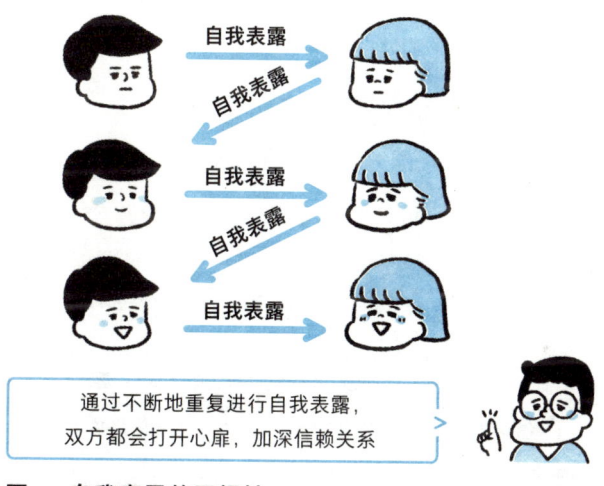

通过不断地重复进行自我表露，双方都会打开心扉，加深信赖关系

图 ▶ 自我表露的回报性

认为"这个人不值得信赖"的戒备心理就相当于给心扉上了一把锁。如果总是遇不到"值得信赖的人"，觉得"这个世界上没有值得信赖的人"也是情有可原的。

行动 2　自己主动打开心扉

首先请试着打开心扉上的锁。如果你自己不将锁打开，就无法建立起任何的信赖关系和人际关系。

请试着鼓起勇气打开心扉，哪怕只打开一点点也好。接下来的发展，就会像自我表露的回报性法则那样，双方都逐渐打开心扉，建立起信赖关系。

只有自己才能打开自己的心扉。因此，首先打开心扉的人不是对方而是"你自己"。请勇敢地打开心扉吧。

你的勇气就是一切信赖关系和人际关系的起点。

行动 3　建立信赖关系的 5 个步骤

要想建立信赖关系，可以按照以下 5 个步骤进行。

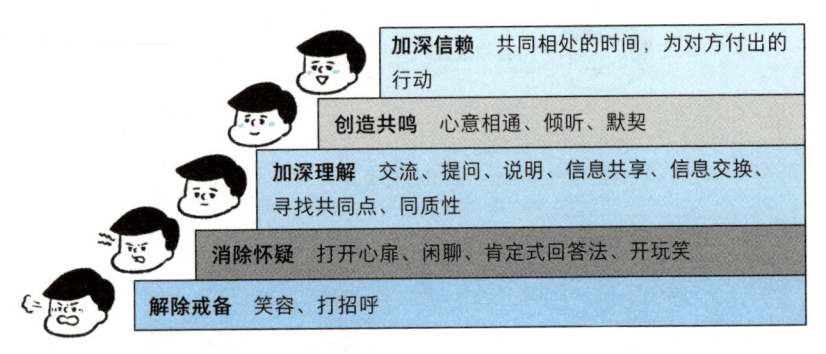

加深信赖	共同相处的时间、为对方付出的行动
创造共鸣	心意相通、倾听、默契
加深理解	交流、提问、说明、信息共享、信息交换、寻找共同点、同质性
消除怀疑	打开心扉、闲聊、肯定式回答法、开玩笑
解除戒备	笑容、打招呼

图 ▶ 建立信赖关系的 5 个步骤

步骤 1　解除戒备

我在搭乘电梯时，如果电梯里有人，我都会先微笑着向对方打招呼。**这是因为双方之间的信息都为"0"，所以要先向对方传达"我不是坏人""我不是可疑人物"的信息让对方放下戒备心。**微笑和打招呼是消除对方戒备心理的最有效方法。

步骤2 消除怀疑

接下来使用"今天天气不错""今天可真热啊"等对方无法做出否定回答的闲聊来消除对方的怀疑情绪。**通过互相交换肯定的回答，能够使双方产生安心感。**

步骤3 加深理解

自己主动提出问题，或者向对方提供信息与说明，也能够增加对方的安心感。在这个时候如果能够找到双方之间的共同点，更能够迅速地加深亲密度。这在心理学上被称为**"同质性"**。人类倾向于和拥有同样属性与价值观的人建立联系。比如出生在同样的地区，毕业于同一所大学，拥有同样的兴趣爱好等，只要有这些共同点，双方就能迅速地加深关系。

步骤4 创造共鸣

共鸣指的是双方能够共享喜怒哀乐等感情，心意相通、十分默契的状态。为了创造"共鸣"的状态，心理学上常会利用**"眼神接触""随声附和""重复"**等倾听的技巧。此外，主动展示"自己的秘密""自己的弱点""自己的缺点"的自我表露也十分有效。

步骤5 加深信赖

在心理学上有一个概念叫作**"曝光效应"**，具体来说就是随着接触次数的增加，双方的亲密度也会越来越高。比如在商务拜访时要约好下次见面的时间，参加相亲活动的话要互相留下联系方式，尽量增加接触的次数。此外，不求回报的付出和为他人做出的行动都能有效地加深信赖关系。

首先请搞清楚你和对方处在信赖关系的哪一个阶段,然后按照上述步骤采取行动。

> **希望进一步了解的人**
>
> **《专业心理咨询师的倾听技术》**(东山宠久 著)　难易度 ★★
>
> 关于"倾听技术"的书可以说数不胜数,但出版于2000年的本书绝对是所有"倾听技术"的始祖。作为倾听专家的心理咨询师究竟是怎样倾听的呢?"不打断对方说话""不说自己的事情""随声附和的方法""共鸣的方法"……通过本书可以学到许多倾听的基本方法。本书还拥有丰富的实例,可以使人很容易联想到实际对话的情景,是最佳的"倾听方法"入门书。

人际关系 4 区分"能信赖的人"和"不能信赖的人"的方法

关键词 ▶ For You、同属性、给予者

在上一节中,我为大家介绍了获得对方信赖的方法。在本节中我将为大家介绍判断对方是否值得信赖的方法。

"以为对方值得信赖结果却被骗了""自己没有看人的眼光""很容易被骗"……很多人都有这样的烦恼吧。

遭到背叛,会使人的心灵受到巨大的伤害,精神遭到沉重的打击。如果能够从一开始就分清什么人值得信赖,就可以节约花在人际关系上的时间,还能避免遭到背叛。

事实 1 值得信赖的人和不值得信赖的人之间的区别

我作为精神科医师,曾经接待过几千名患者。现在我作为商务书籍作家,也接触过许多商务人士。整体人数超过1万名。根据与这些人接触所总结出来的经验,我将值得信赖的人和不值得信赖的人的特点总结成了一份表格。

与"值得信赖的人"交流,可以度过非常快乐的时光,让自己受到正面的影响,使自己得到学习和成长,如果对方是商业伙伴的话可以放心地交易。

反之,与"不值得信赖的人"交流,则只会给自己带来"糟糕的体验"和"不好的回忆",使自己的心灵受到伤害,给自己带来负面的影响,不会使自己得到任何的学习和成长。

行动 **1** 观察对方是"For You"还是"For Me"

在下面的表中最值得注意的是"For Me（为自己）"与"For You（为他人）"的区别。

表 ▶ **值得信赖的人和不值得信赖的人的特点**

不值得信赖的人	值得信赖的人
以自我为中心	关心他人
For Me	For You
思考如何从他人处夺取	思考如何给予他人
夺取者	给予者
好说大话，摇摆不定	有愿景，坚持不懈
总是煽动恐惧与不安（企图欺骗他人的人的共同特征）	努力建立信赖关系
总是吹嘘能赚大钱（劝你买保险和做投资）	客观中立（不先入为主）
不守时	严格遵守时间和约定
谎言、欺骗	诚实、正直
总是有很多借口	不找借口，坦白认错
不承担责任	对自己的言行负责

"For Me"是无论任何事都以自己为中心的人。而"For You"则是能够为他人做贡献、为他人付出的人。

通过观察对方的行动，能够看出他是只顾自己的利益，还是愿意为他人和社会做出贡献。

"For Me"的人在交流时，总是喜欢说自己的事情。比如"我是这样的人""我在做这样的工作""我想做这样的事"……他们只关心自己，从不关心他人。当然也不会为对方考虑。

只关心自己的人会将自己的利益放在第一位。**与"For Me"的人交往，只能跟着对方的节奏，甚至可能被卷入麻烦之中，让自己吃尽苦头。**

"For You"的人关心对方的情况，能够配合对方的兴趣。而且在精神层面上也显得更加游刃有余。

当然，每个人都有自己想做的事，也有自己的"欲望"和"需求"，但"For You"的人在与对方交往时能够保持距离感，并且有很强的自控能力。

"For Me"还是"For You"并没有明显的区分，只是一种倾向性而已。每个人都有"For Me"和"For You"的两个方面，关键在于这两个方面的平衡。

通过观察他人，找出对方"For Me"和"For You"各自所占的比例吧。

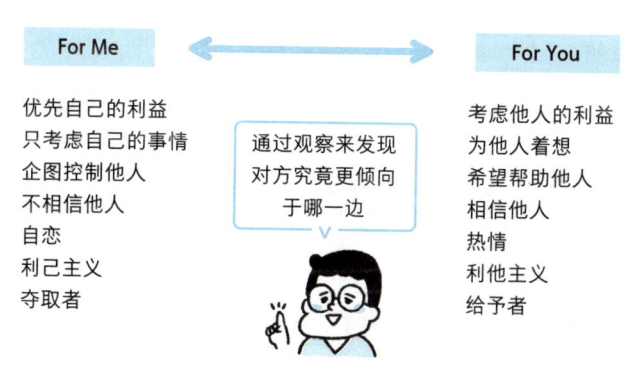

For Me	For You
优先自己的利益	考虑他人的利益
只考虑自己的事情	为他人着想
企图控制他人	希望帮助他人
不相信他人	相信他人
自恋	热情
利己主义	利他主义
夺取者	给予者

通过观察来发现对方究竟更倾向于哪一边

图 ▶ "For Me"和"For You"

行动 2 成为"给予者"

很多励志书籍之中都经常出现"Giver"也就是"给予者"，和"Taker"也就是"接受者""夺取者"这两个词。

倾向于"For You"的人属于"给予者"，而倾向于"For Me"的人

53

则属于"夺取者"。

与"给予者"交往,往往能够得到很多收获。但有时候即便在你的身边就有"给予者",但他们对你却根本不予理睬。这究竟是为什么呢?

在心理学上有一个概念叫作**"同属性"**,意思是人类喜欢与自己性格相似的人交往。也就是说,"给予者"喜欢"给予者",因为他们相互之间能够合作、扶持、帮助,使双方都迅速地取得成长。

这样的人能够一瞬间区分出"给予者"和"夺取者",并且绝不会与"夺取者"产生任何交集。如果你被对方看作"夺取者",可能是因为在你的身上表现出了太多"For Me"和"夺取者"的倾向。

相似地,"夺取者"和"夺取者"也会互相吸引。总是想着赚大钱的人,很容易被赚大钱的骗局欺骗,公司员工带着公款潜逃的事例时有发生。

因为在夺取者的周围聚集了很多"只考虑自己的人",所以经常会出现欺骗和争夺的情况。如果你总是被别人欺骗或者总是遇到金钱上的麻烦,可能是因为你本身就更倾向于"夺取者"。

如果你仍然只关心自己却不关心他人,只会给自己招来更多的麻烦。

与"值得信赖的人"交往的方法其实非常简单,那就是让自己也成为"值得信赖的人"。**首先从成为"给予者"开始吧。**这样你就能够将"给予者"和"值得信赖的人"都吸引到自己的身边。

行动 3 战胜"对给予的抵触感"

可能有人觉得"成为'给予者'太难了"。

阿德勒认为，应该信赖他人、为他人做贡献，绝对不能要求"回报"。只要阅读阿德勒的著作就能理解他的主张，但实际上要想做到"不求回报地持续给予"非常困难，很多人在心理上都会对此产生抵触感。正是因为这种心理上的抵触感使许多人无法成为"给予者"。

> 即便没有任何回报，得不到任何人的认可，也要从自己开始。
> ——阿尔弗雷德·阿德勒（奥地利心理学家）

此外，宾夕法尼亚大学沃顿商学院的亚当·格兰特教授将人的特性分为以下3类。

（1）"给予者（Giver）"
（2）"夺取者（Taker）"
（3）"取巧者（Matcher）"

在这3类人之中，最终能够取得成功的是"给予者"。但并非所有的"给予者"都能成功。

"给予者"也分为"成功的给予者"和"燃烧殆尽的给予者"。"燃烧殆尽的给予者"将自己的时间和精力都用在为他人做奉献上。但这样做并不能长期地坚持下去，最终只会使自己燃烧殆尽。

比如"为朋友分忧解难，结果自己没时间去上课，导致考试不及格"，或者"为了参加志愿活动，影响了自己的收入"，这些都是过度给予，无法长期持续。

如果说"夺取者"是"利己主义"，无法取得成功的"给予者"是"自

我牺牲"，那么取得成功的"给予者"就是"有原则的他人导向"。

所谓有原则的他人导向，就是与自己获得的相比更多地去给予，但却不会牺牲自己的利益，并且以此为前提来决定"何时、何地、向何人给予"。

即便应该成为"给予者"，不求回报地为他人奉献，但要像耶稣基督那样完全地"自我牺牲"是我们凡人不可能做到的。在关心他人的同时，也不能忽视了自己的健康和自己的精神状态。

此外，自己的"喜悦"和"满足"等感情并不属于"回报"。因为这些感情完全是从我们自己的内心之中产生的，并不是从他人那里获得的。

因为请朋友吃饭而感到"很高兴"，于是决定"下次我还请你吃饭"，这并不属于"利己主义"，请放心大胆地去做吧。

"追求他人的利益"和"追求自己的利益"是可以共存的。

自己的"开心""快乐""高兴"等正面的感情也属于"自己的利益"。

给予不应该让自己感到痛苦，而是一种喜悦和享受。如果能有这样的认知，你也能够成为一名"给予者"。

希望进一步了解的人

《沃顿商学院最受欢迎的成功课》
（亚当·格兰特 著）

难易度 ★★

美国顶级的商学院之一——宾夕法尼亚大学沃顿商学院校史上最年轻的终身教授，新锐组织心理学家总结的商业成功秘诀。

"给予者"和"夺取者"这两个词之所以能够得到普及，这本书可以说是功不可没。读完本书之后，你也能掌握成为"成功的给予者"的方法。

人际关系
5

与讨厌的人顺利交往的方法

关键词 ▶ 小脑杏仁核

如果你的身边没有"讨厌的人",那你的人际关系将会变得多么轻松呢?

某项调查中关于"是否有讨厌的人"的提问,73% 的人回答"有"。职场、学校、兴趣班……只要是与很多人在一起的时候,肯定在这些人中有你"喜欢的人",也有"讨厌的人"。不可能所有人你都喜欢,当然也不可能所有人你都讨厌。

事实 1 为什么会有"喜欢"和"讨厌"之分

你在和陌生人初次见面的时候,是否会在一瞬间产生"我喜欢这个人""我讨厌这个人"或者"这个人不太好相处"的感觉呢?

为什么我们会做出"喜欢"或者"讨厌"的判断呢?这是因为我们的大脑有一个在无意识中判断"喜欢"还是"讨厌"的机制。

在小脑部分有一个被称为小脑杏仁核的器官,**这是感知危险并发出警报信号的器官**。当我们遇到突发状况时,小脑杏仁核会在瞬间做出安全还是危险的判断。如果判断有危险的话就会立刻在大脑中发送警报信号。

比如动物在遭遇天敌的时候,会瞬间采取应对的措施。给大脑发送警报信号,让身体做好防御准备的司令塔就是小脑杏仁核。

小脑杏仁核能够针对各种情况瞬间做出安全还是危险的判断。比如你在林间散步,忽然发现脚边有一条蛇。在你发出惊声尖叫之前,身体就会不由自主地做出躲避的动作，使你的脚不会踩在蛇的身体上。这就是因为小脑杏仁核发出了"蛇=危险"的警报信号，在一瞬间控制身体做出了反应。

据说小脑杏仁核能够在 0.02 秒之内做出"安全或危险"的判断。也就是说，小脑杏仁核的判断并非"深思熟虑"，而是在一瞬间条件反射般的判断。

当我们和陌生人初次见面的时候，瞬间判断自己是喜欢还是讨厌对方的也是小脑杏仁核。

也就是说，"喜欢"和"讨厌"的标签其实是小脑杏仁核随便贴上去的。

一旦对方被贴上"讨厌"的标签，我们就会出于偏见而一味地寻找对方的讨厌之处，结果就会愈发地讨厌对方。如果我们找到非常多的讨厌之处，即便是随便贴上去的标签也会变成"真正的厌恶"。

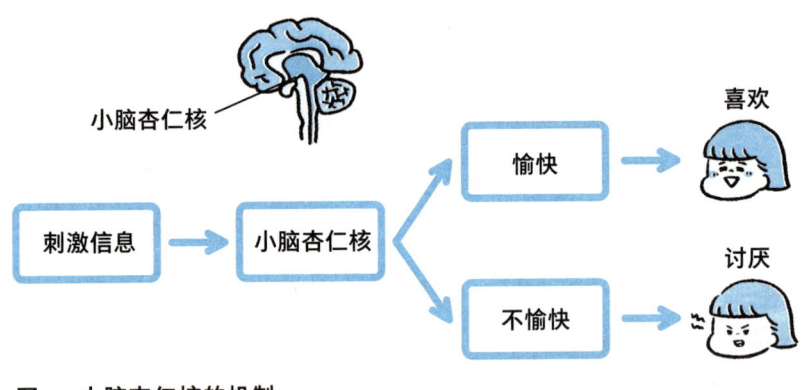

图 ▶ 小脑杏仁核的机制

事实 2　你的"厌恶之情"会不自觉地表露出来

人类之间的交流分为"语言交流"和"非语言交流"。某个心理学实验的结果表明，当语言和非语言传达出不同信息的时候，对方往往倾向于优先接受非语言信息。

比如你对自己讨厌的上司说"总是受您的照顾，非常感谢"，但上司能够从你的表情和态度上看出你其实内心是"讨厌"他的。

人类对善意也会回以善意，这就是前文中提到过的"自我表露的回报性原则"。但反过来也一样，**人类对恶意也会回以恶意。**

也就是说，你越是"讨厌"上司，上司越能够从你的非语言信息中觉察到这一点，于是对你的态度更加冷淡，对你的要求也更加严格。

你越讨厌上司，上司对你就越严厉，你的日子就越不好过。在这种情况下，你当然会感觉工作辛苦，也没有什么干劲。结果就是让你愈发地讨厌上司，上司也愈发地讨厌你，使你们之间的人际关系越来越差。

这种"相互讨厌"的恶性循环就是导致人际关系变差的真正原因。

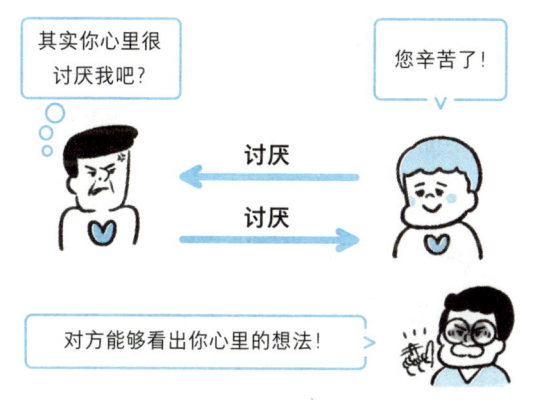

图 ▶ 你的"厌恶之情"会不自觉地表露出来

行动 1 加入"普通"的评判标准

只要减少"讨厌"的感情，就可以使人际关系变得更加理想。请大家试着填写下面这个"消除讨厌感情的表格"。

表 ▶ 消除讨厌感情的表格

【步骤1】 写出10个身边的人的名字	【步骤2】 "喜欢"（○）还是 "讨厌"（×）	【步骤3】 "喜欢"（○）、"普通" （△）还是"讨厌"（×）
1		
2		
3		
4		
5		
6		
7		
8		
9		
10		
合计		

我曾经让几百人填写过这个表格，在只有"喜欢"和"讨厌"两个选项的时候，讨厌的人数平均在2~3人。而在加入"普通"的选项变成三选一之后，讨厌的人数就下降到了0~1人。

也就是说，通过加入"普通"这个评价标准，大幅减少了"讨厌"的人数。

可能你确实有不想见面、不想有任何交流，确实非常"讨厌"的人，但除此之外的人即便你不是很喜欢，也请将其划分在**"普通"（或者说"中立"）**的选项之中。

"喜欢或讨厌"的二选一，是小脑杏仁核最原始的条件反射。**但我们人类与其他生物不同，大脑皮质进化得非常发达，所以能够进行复杂的**

逻辑思考。

最近的脑科学研究发现，语言信息（输入）能够抑制小脑杏仁核的兴奋度。也就是说，细致的思考能够使我们不会轻易地给他人贴上"喜欢"和"讨厌"的标签。

在判断他人时，请用"喜欢"和"普通"这两个选项来进行判断。只要坚持这种二选一的思考方式，就可以减少"讨厌"的人的数量。

行动 2　不要说别人的坏话，尽量找出对方的"优点"

如果你无论如何都很讨厌一个人，至少控制自己不要说他的坏话。因为说别人的坏话也是一种输出，而重复这种输出会强化自己的记忆。

或许有人认为说别人的坏话是在发泄自己的不满，能够减轻压力，但实际上完全相反。**因为说别人的坏话会使你想起那些本来应该忘记的负面情绪，还会让你更加在意对方的缺点。**结果就是使你更加讨厌对方。而这种讨厌的恶性循环只会使你的人际关系变得越来越差。因此，只要不说别人的坏话，就能使人际关系得到改善。

> 当你说别人坏话的时候，这些话也会返回到你自己的身上。
> ——柏拉图（古希腊哲学家）

每个人都有优点和缺点。

请试着从你最讨厌的人身上找出 7 个优点。

或许有人觉得"那个人根本没有优点"，但只要你仔细观察，就一定能找到至少 7 个优点。

"自己讨厌的人根本连看都不想多看一眼"，这确实是人之常情，但也正是由于这个原因，使我们无法仔细观察讨厌的人。**或许你认为的"缺点"实际上正是他的"优点"**。比如"总是抓住些小事叮嘱个没完"（缺点），其实是"对细节部分也很在意"（优点）。

如果你能写出对方的7个优点，那么你对他的感觉就会从"非常讨厌"转变为"也没那么讨厌"或者"普通"。

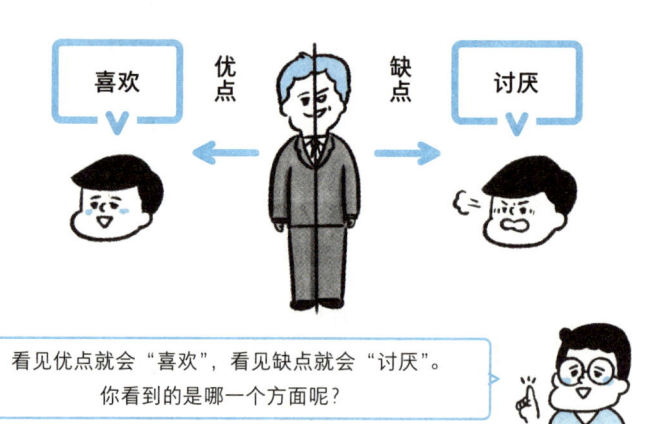

看见优点就会"喜欢"，看见缺点就会"讨厌"。你看到的是哪一个方面呢？

图 ▶ 找出对方的优点

希望进一步了解的人

《消除讨厌家伙的心理术》（神冈真司 著）

难易度 ★★

本书介绍了许多消除"厌恶之情"的心理方法，此外还介绍了消除他人对自己的厌恶之情的方法。"不制造威胁！命令与委托的方法""不被人挑拨！面对攻击的防御方法""尊重对方！拒绝的方法"……本书通过许多示例来说明面对具体的情况时应该如何应对。对于"不知道面对讨厌的人时应该说什么"的人来说绝对不能错过这本书。

人际关系

6 "不想被他人讨厌"的应对方法

关键词 ▶ 关键人物

在前文中,我为大家介绍了"消除自己的厌恶之情的方法",但一定也有很多人不想被别人讨厌吧。

某项调查关于"是否不想被他人讨厌"的问题,有42%的人回答"是"。20多岁的女性这种倾向更为明显,高达54.6%。接下来我就将为大家介绍如何应对"不想被他人讨厌"的方法。

事实 1 好感的1:2:7法则

当第一次读到下面这段话时,我的内心为之一振。

> 假设有10个人,其中必然有1个人事事都与你作对,他不喜欢你,你也不喜欢他,其中必然有2个人会无条件地接受你,成为你的亲密朋友,其余的7个人则保持中立。
>
> ——选自《被讨厌的勇气》

根据我的经验,如果社交网站上负面的留言为1,那么正面的留言数量就是其两倍以上,其余的七成则是只浏览不留言的"沉默的大多数"。

"讨厌1、好感2、中立7",这就是**好感的1:2:7法则**。虽然占七成的"沉默的大多数"并没有留下正面的意见,但他们仍然关注了你。因此,显然是对你有好感的。可以将"中立"看作是"隐性好感派"。

因此，如果有一个人讨厌你，并对你进行批判，就有 9 个人支持你，并对你提供帮助。

| 讨厌 1 | 中立 7 | 好感 2 |

喜欢你的人比讨厌你的人多一倍

图 ▶ 好感的 1∶2∶7 法则

"好感的 1∶2∶7 法则"在你的身边也同样适用。

假设你的职场之中有 20 个人，那么讨厌你的人大约有 2 个，喜欢你的人就有 4 个。

每个人的性格和思考方式都各不相同。有和你相互吸引的人，也有和你相互排斥的人，这都是很正常的。不可能所有人都和你相互吸引，也不可能所有人都和你相互排斥。

在这种情况下，"被所有人讨厌"和"被所有人喜欢"都是不可能的。

喜欢你的人是讨厌你的人数量的 2 倍，不讨厌你的人是讨厌你的人数量的 7 倍。

如果你只因为一个人的诽谤和中伤就再也不在社交网络上发言，那对于期待着看到你发表新消息的 9 个人来说实在是太遗憾了。

你是想优先迎合"少数讨厌的人"，却牺牲了绝大多数的其他人，还是想珍惜喜欢你的 20%？你觉得哪一种人生更幸福呢？

请牢记"1∶2∶7法则",相信"自己的伙伴永远比敌人更多",这会给你带来无限的勇气。

事实 2　他人的感情是他人的问题

"让他人不讨厌自己"的努力99%都是徒劳的。

因为我们很难改变他人。A君"喜欢"或者"讨厌"你,完全是A君自己的感情,是由A君自己决定的。这已经超出了你所能控制的范围。

> 他人与过去是无法改变的。
>
> ——艾瑞克·伯恩(美国心理学家)

有些时候,通过"改变自己",也可以让对方的"喜欢"和"讨厌"稍微出现一些改变。在本章的后半部分我就将为大家介绍相应的方法,但这些方法都需要花费大量的时间和精力,并非一朝一夕就能做到的。

因此,希望大家了解,**我们无法控制他人的感情,担心对方"讨厌自己"没有任何意义。**

我们能做的,只有"改变自己"和"自我成长"。通过改变自己的言行,也可以改变他人对你的印象和感情。

虽然我们不能改变他人,但我们能够改变与他人的人际关系。

改变人际关系的第一步就是"改变自己"。如果"不想被他人讨厌",请首先从"改变自己"开始。

行动 ① 将时间和精力投入到关键人物身上

如果你的上司和你关系很不好,那你在工作中一定会感到很辛苦。同样,如果你的部下讨厌你,不认真执行你的指示,那你的工作也很难取得进展。因此,像上司和部下这样会对你造成巨大影响的人,就是人际关系之中的"关键人物"。

如果想让所有人都不讨厌你,那需要投入大量的时间和精力,而且付出多回报少,得不偿失。因此,正确的做法是将有限的时间投入到上司和部下这样的关键人物身上,努力改善与关键人物的人际关系。

比如你的同事 B 君非常讨厌你,但你的直属上司和你的关系很好,对你的工作十分认可。在这种情况下,就完全没有必要去在意 B 君对你的看法。

具体来说,如果职场中 10 个人,其中有 3 个关键人物,那你应该将 70% 的时间和精力都放在与这 3 个人交流和改善关系上。这就是"7∶3 法则"。

时间与精力

关键人物	其他人
70%	30%

将 70% 的时间和精力投入到 3 个关键人物身上

图 ▶ 7∶3 法则

与其他人的关系只要简单维持即可。在你身边每 10 个人之中可能有 1 个人讨厌你,但这实际上都是无须在意的问题。

在除去"讨厌的人"后剩下的三成人中的 1/7,即 4% 的人身上花费精力即可。

即便在同一个职场、同一个部门之中,肯定也有没有直接工作往来的人、虽然位置接近但在工作上没什么交集的人、很少交流的人,等等。

你没必要去和所有人都搞好关系。毕竟时间和精力都是有限的,应该将有限的时间和精力投入到对你来说重要的人物身上。

丢掉"不想被他人讨厌"的想法吧。只要搞好同关键人物之间的关系就足够了。只要做到这一点,你的人际关系就会变得非常轻松。

你的关键人物究竟是谁?请写出 3 个人的名字。请将时间和精力放在与这些人搞好关系上。至于与其他人的关系,只需简单地维持即可。

行动 2　将"不想被他人讨厌"变为"希望被他人喜欢"

要想不被他人讨厌并不容易。

"讨他人欢心。"

"不引起他人的反感。"

"不随意发表自己的意见。"

这是在"抹杀"自己。

但总是戴着伪装的面具,压抑自己的本性,会导致压力积累,人生也不会感到快乐。

"不想被他人讨厌"这句话本身就非常消极。**因为这里面含有"不想"和"讨厌"两个负面词语。**

比如以"克服不擅长的数学"为目标,很难调动起学习积极性。但如果以"将数学变成擅长的科目"为目标,则很容易产生努力学习的干劲。

因此,请将"不想被他人讨厌"变为"希望被他人喜欢"。

为了"不被他人讨厌",需要"隐瞒自己的缺点""不做惹人讨厌的事情",也就是需要"伪装自己"。但这样只会使自己感到痛苦。

反之,为了"被他人喜欢",**可以"将自己的优点展现出来""做让人高兴的事",也就是充分地"展现自己"。**这可以使自己感到非常快乐。

让他人知道自己的优点,为他人提供帮助、做出贡献。如果这样做对方仍然不喜欢自己,那就没有和这个人继续交往下去的必要了。

希望进一步了解的人

《被讨厌的勇气》（岸见一郎、古贺史健 著）

难易度 ★★★

如果向心理学家阿尔弗雷德·阿德勒咨询"不想被他人讨厌"的问题，他会给出怎样的建议呢？本书的结论是"不求回报地信赖他人，为他人做贡献"。

不求回报地信赖与贡献。如果能够从中获得满足，无论他人是否讨厌你，你都能够获得幸福。我们之所以会在人际关系之中战战兢兢、察言观色，就是因为渴望获得回报。但这样其实是在度过他人的人生，而非自己的人生。

他人讨厌自己，这是他人的课题，并不是我们自己的课题，因此而感到担心和不安都是毫无意义的。我们能做到的只有"不求回报地信赖他人，为他人做贡献"，仅此而已。通过阅读本书，可以使人掌握阿德勒心理学的本质部分，那就是通过改变自己的思考方法和行动来"获得幸福"。

人际关系 7　是否应该说出心里话

关键词 ▶ **人格面具**

在前文中，我针对"讨厌"和"不被讨厌"的问题进行了说明，接下来我将为大家说明在人际关系中自己应该采取怎样的做法。比如究竟是应该说出心里话，还是应该忍住不说心里话呢？

事实 1　心里话只对亲近的人说就好

心里话是隐藏在本人内心之中的信息。除非本人亲自说出口，否则别人是不可能知道的。因此，"说出心里话"，就相当于"最坦诚的自我表露"。

即便对关系很浅的人说出自己的心里话，也会遭到对方的否定或拒绝。因为这种行为相当于直接从信赖关系的步骤1跳到了步骤5。在没有建立起信赖关系的情况下，对方往往并不想听你的心里话。

"鼓起勇气说出心里话，结果气氛却一下子变得紧张起来""我说出了心里话，却没有得到对方的认可，让我很受伤"，这样的人不是搞错了说心里话的对象，就是搞错了说出心里话的时机。

在"人际关系疗法"之中有一个叫作"**人际关系的同心圆**"的概念。

在同心圆的最里面是"重要的他人"，包括家人、恋人、亲友等对你来说无可替代的人。

再外一层的同心圆包括普通朋友和远亲。同心圆的最外层是职场上的人际关系。

很多人为了与最外层的人建立起亲密的人际关系而投入了大量的时间和精力，结果导致自己筋疲力尽，严重的时候甚至可能引发抑郁症。

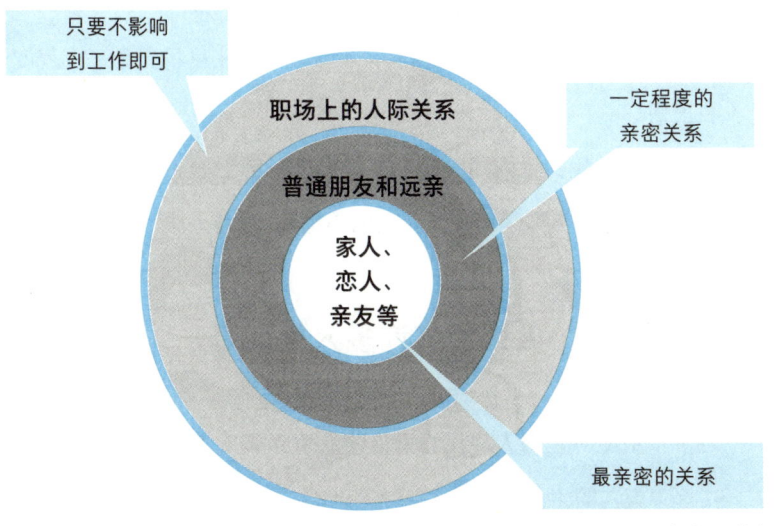

```
只要不影响           职场上的人际关系        一定程度的
到工作即可                                  亲密关系
              普通朋友和远亲
                   家人、
                   恋人、
                   亲友等

                                         最亲密的关系
```

《这样就好》（细川貂貂、水岛广子 著）

图 ▶ 人际关系的同心圆

位于外侧的人际关系，只要慢慢发展就可以，没必要将你的心里话说给他们听。如果你对外侧的人说了心里话，反而可能遭到他们的误解，伤害到对方或者使自己受到伤害。

行动 1　只对"真正亲密的人"说心里话

假设你的同事 C 君（只是偶尔说几句话的关系）忽然对你说"我有些事想和你商量"，然后滔滔不绝地将"母亲患了认知障碍，照顾她非常辛苦"之类的话说了 2 个小时。你会怎么想呢？

会因为对方找你商谈而感到非常高兴吗？绝对不会吧。或许你会觉得"为什么我要浪费 2 个小时听关系并不怎么亲密的 C 君向我抱怨这些事啊……"。

<u>对关系不亲密的人说心里话只会给对方增添困扰</u>。应该考虑到对方"不想听你的心里话"的心情。因此,不应该对亲密度没达到一定程度的人说心里话。

请参照"人际关系的同心圆"来选择合适的话题。只有对位于最中心的"真正亲密的人"才能说出自己的心里话。

事实 2 每个人都拥有许多人格面具

对于"不能对任何人都说心里话"的建议,或许会有人反驳说"我不喜欢这种虚伪的生活方式"。

但"不对任何人都说心里话"并不意味着"撒谎"和"生活在虚伪之中"。

> 你拥有上千个面具!
> ——月影老师对北岛玛雅说的话
> (《玻璃假面》美内铃惠 著)

拥有过人表演天赋的北岛玛雅被称为"拥有 1000 个面具的少女",我们作为普通人即便没有 1000 个面具,至少也有 10 个左右的面具,并且戴着面具生活。

在心理学上有一个叫作"**人格面具**"的概念,意思是每个人都会在不同的环境中使用不同的"人格面具"。

比如在公司会戴上"员工"的面具，与上司交流时会戴上"部下"的面具，与部下交流时又会戴上"上司"的面具。在家里的时候，陪孩子玩耍时会戴上"父母"的面具，夫妻之间交流时则会戴上"丈夫/妻子"的面具。

事实上，当我们与上司、部下、家人交流时，"言谈举止""表情态度"都会出现不同的变化。 每个人在生活中都戴着"人格面具"。

如果在公司和家里都用相同的心境对待，做同样的事，展现真正的自己的话，恐怕公司和家庭都不会成立。

通过区分使用"人格面具"，可以使我们的人际关系变得更加顺畅，极大地减少因为人际关系带来的麻烦和压力。

行动 2 区分使用人格面具

不知道是否应该说出心里话的人，其实就是不懂得区分使用人格面具的人。

如果上司说了你不爱听的话，在不假思索地做出反驳之前请先思考"我现在戴着员工的面具，应该怎么做"。这样你就会知道是否应该说出心里话。

顺带一提，"人格面具"的英语"persona"的语源来自于"personality"，意思是"个性"。 个性不是"毫无掩饰的真正的自己"，而是"戴着面具的自己"。个性并非只有一个，而是能够随机应变、变换自如的。只要你理解了这一点，在区分使用人格面具的时候就会没有任何心理压力。

想要"不说出真心话，只说场面话"的话，会产生压力。公司就是你的舞台，在这个舞台上，你的角色是一名超级工薪族。你只是在"**扮**

真正的自己？

工作用　家庭用　朋友用

区分使用人格面具并不是坏事！

图 ▶ 区分使用人格面具

演一个理想的自己"。

　　说心里话的时候，最好切换人格面具。对上司的不满如果直接说给上司听一定会引发麻烦。因此，戴着"工作"人格面具时产生的不满，可以在戴着"朋友"人格面具时对朋友一吐为快。

　　人格面具并不是单纯的面具。有时候还会成为"盾牌"，保护你免受压力的影响和他人的攻击。

　　即便在工作中出现失败，那也只是"工作"人格面具的失败而已，并不意味着你的所有人格都遭到了否定，所以没必要因此而陷入消沉。

行动 3 区分"心里话"和"感情"

　　说了这么多，或许还是有人坚持"无论如何我都要把心里话说出来"。对于这样的人，我可以传授一些巧妙地传达心里话的技巧。

　　首先请搞清楚，你要说的心里话真的是心里话，还是单纯的"感情反应"。

如果只是单纯的感情反应，那么当你说完之后一定会后悔的。如果是"真正的心里话"，说出去之后并不会后悔。即便在事后遭到责备，你也能够问心无愧地说："我心里就是这么想的。"

比如"混蛋家伙"这样的话，就并非真正的心里话，而只是"一时的感情冲动"促使你说出来的话。如果将这样的话说给对方，你一定会因此而感到后悔。

要区别看待"一时的感情冲动"和"原本的想法、心情"。心里话是不会轻易动摇的。

心里话的外侧附着感情，要区分感情和心里话并不容易。但如果将感情和心里话一起传达出去的话，恐怕会引发"负面的反应"。夫妻之间的争吵大多属于这种情况。因此，在传达心里话的时候，一定要将感情分离出去，冷静地只传达心里话。

"人际关系上问题多多""经常和别人吵架"的人，很有可能是有"向他人发泄感情"的习惯，所以在说话的时要注意尽量不要使用带有感情的语言。这样一定会帮助你改善人际关系。

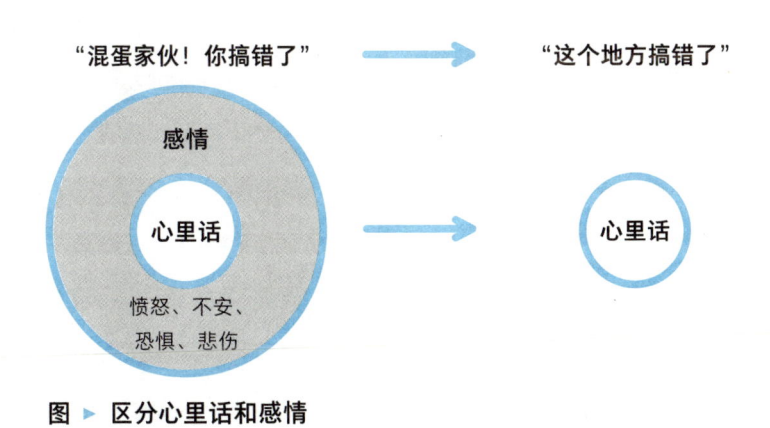

图 ▶ 区分心里话和感情

希望进一步了解的人

电影《变相怪杰》

难易度 ★

要想通俗易懂地理解"人格面具",推荐观看电影《变相怪杰》。性格内向懦弱的银行职员史丹利(金·凯瑞)一直无法在自己喜欢的女性蒂娜面前表明真心。一次偶然的机会,史丹利得到了一个"神秘的面具"。当他戴上这个面具之后,就会变身成性格热情奔放、行为举止乖张的魔神。虽然这是一部喜剧电影,但对角色的心理描写非常深入。戴上面具之后的角色与史丹利的性格完全相反,可以说是他"渴望成为的自己"。但后来史丹利即便没有了面具,仍然敢于采取行动,并且凭借自己的努力赢得了蒂娜的芳心,就像是在扮演另外一个人(真正的自己?)一样。看完这部影片之后,你一定能够加深对"人格面具"的理解。

人际关系

8 如何应对有恶意的人

关键词 ▶ **优越情结、本杰明·富兰克林效应**

在日常生活之中，我们经常能够遇到通过贬低他人来强调"我比你更优越"的人。

根据某项调查，有 84.3% 的女性都表示自己遭到过他人充满优越感的攻击。由此可见"说出让人厌恶的话""有恶意"这类人的数量相当多。

事实 1 "恶意攻击你的人"其实是弱者

对你充满恶意甚至对你发起攻击的人，究竟出于何种目的呢？

事实上，表现出优越感，或者对你进行贬低的人，都拥有很强的"自卑心理"。他们需要通过贬低他人来确认自己的优越性，从而保持自己的优越感。

优越感能够增强自信，具有一定的正面意义，但如果因为优越感而忽视了努力，被虚假的优越性蒙蔽了双眼，这就属于**"优越情结"**。

因此，这就是对你展现恶意的人的真正面目。当再遇到对你进行恶意攻击和贬低的人时，**你就会知道他们其实是充满自卑感和"优越情结"的弱者。**只要认清了这些人的真面目，心情就会轻松，就能够冷静应对。

如果你和拥有"优越情结"的人展开正面交锋，就相当于加入了一场低水平的战争，被拉到了与失败者同一个水平线上。因此，最好的选择是不与他们正面交锋，不理睬他们的攻击和挑衅。

行动 1 回避

当别人对你展现出恶意的时候,"回避"是最好的应对方法。**具体的做法包括"充耳不闻""不采取任何行动""不予理睬""不反驳、不生气"等等。**

"故意惹人不快的人""恶意攻击他人的人"都是从他人的痛苦之中获得快感的愉悦犯罪的人。你越是痛苦、悲伤、消沉,对方就越感到开心。因此,他们会更加变本加厉地对你进行攻击和贬低。

我在面对恶意攻击和贬低的时候,会轻描淡写地用一句"哦"来作为回应。这个回应既不是肯定也不是否定,**虽然在语言信息上属于"中立",但在非语言信息上传达的却是"不"的含义。**

这样一来,对方就会感到非常无趣而自行离去。有优越情结的人攻击他人只是为了满足自己的优越感,如果无法从中获得优越感,他们自然就会感到无趣。

关键在于不要用语言进行反驳。即便面对他人的挑衅也不要做出任何回应。对于拥有优越感的人来说,"自尊"非常重要。一旦你拆穿了他的真面目,他就会为了维护自己的尊严而疯狂反击。因此,正确的做法

· 恶意
· 攻击
· 诽谤、中伤
· 挑衅

图 ▶ 回避

是"不予理睬""避重就轻"。

还有在网络上发表恶意言论的人。比如在社交网站上发表明显的恶意留言。遇到这样的情况，绝对不要对其进行回复和反驳。应该完全不予理睬，就像没看见一样。

在网络上发表恶意言论的人，是为了寻找自己的存在感。如果有人回复了他们的言论，反而正中了他们的下怀。这种人就是以激怒他人、给他人添麻烦为乐。

如果是情绪比较容易激动的人，在看到恶意留言的时候可以采取删除社交网络的应用程序，或者不登录账号的方法。只要连续一周的时间不做出任何回应，敌人自然就会消失。

行动 2 区分使用回避用语

在实际生活之中，回避或许并不容易做到。比如对上司和前辈就不能用"哦"这种敷衍的回答。在这种时候，需要区分使用不同的回避用语。

在毒舌、冷淡系的"回避用语"之中，"那又怎样？"的效果最为强烈。虽然这是网络上很常见的用语，但如果用冷淡的语气将其说出来，对方肯定会自觉无趣地乖乖闭嘴。

但如果对上司和前辈这样说，肯定会激怒对方。因此，面对上司和前辈的时候，应该选用**"郑重、礼貌系的回避用语"**。

比如微笑着说"非常感谢您的建议"。虽然脸上带着笑容，但心中却毫不在意。当然，也没必要真的按照对方的建议去做。

还可以笑着说"那可真是太好了"。这句话的 95% 都是出于礼貌，只有5%"我对此并不关心"的非语言信息。**在不希望与对方产生任何联系的时候，可以选择"毒舌、冷淡系"的回避用语，但面对上司和前辈的时候，则应该使用"郑重、礼貌系"的回避用语。**

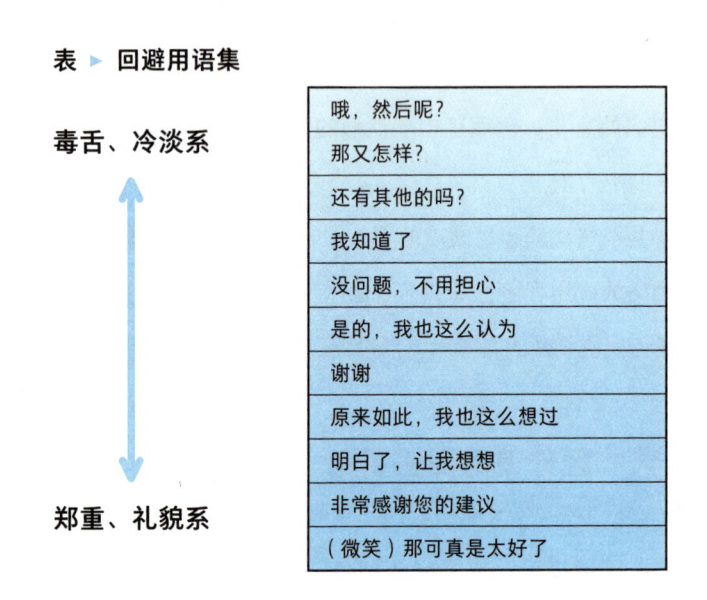

表 ▶ 回避用语集

毒舌、冷淡系

哦，然后呢？
那又怎样？
还有其他的吗？
我知道了
没问题，不用担心
是的，我也这么认为
谢谢
原来如此，我也这么想过
明白了，让我想想
非常感谢您的建议
（微笑）那可真是太好了

郑重、礼貌系

行动 3 适当的表扬

对于不宜使用回避用语的人，可以采取"适当表扬"的战术。有优越情结的人都希望自己高人一等，因此只要迎合他们的优越感就可以使他们感到满足。

只要掌握了有优越情结的人的心理，就能够不引发对方的负面感情。如果面对负面的攻击，自己也用"愤怒""厌恶""不耐烦的表情"进行反击，只会使自己陷入与对方的战争之中。

我们要沉着冷静地做出应对。用"了不起""不愧是你"来巧妙地称赞对方，使对方在心理上得到满足。或许对方还会因此对你产生好感。

行动 4 将讨厌的对象变成自己的朋友

如果对公司的上司、前辈或者朋友采取冷淡的态度，可能会影响到工作和人际关系。在这种情况下，最好的做法是"化敌为友"。

在心理学中有一个**"本杰明·富兰克林效应"**。

本杰明·富兰克林是美国著名政治家，其肖像甚至被印在了100美元的纸币上。他曾经想获得宾夕法尼亚州立法院一个议员的帮助，但这位议员非常讨厌他，于是他先向对方借了一本稀有的书籍，并且在收到书籍之后亲切地表示了感谢。结果对方从此成了他最要好的朋友。

当人类的行为和感情出现矛盾的时候，会在心理上让两者趋于一致。
"亲切的行为"与"厌恶的感情"是矛盾的。但因为"亲切的行为"已经做出并无法改变，所以心理上就只能将"厌恶的感情"改变为"亲密的感情"，使两者保持一致。

也就是说，"人类会喜欢上自己帮助过的人"，这就是"本杰明·富兰克林效应"。当遇到讨厌的人时不选择逃避，而是大胆地向对方寻求帮助。比如试着对有优越情结的前辈说："前辈，可以向您请教一下关于××的问题吗？您是我们部门里最了解这个问题的人。"

面对讨厌的对象，绝大多数人都会选择"反击"或者"逃避"。因为这是小脑杏仁核做出的本能反应。但我们作为人类，可以利用发达的大脑皮质，思考出"化敌为友"的方法。将敌人变成朋友，能够使我们的人生变得更加轻松、快乐。

事实 2　你遭到攻击的真正原因

有优越情结的人之所以攻击他人，是因为觉得自己能够战胜他人，希望自己站在比对方更有优势的立场上控制和支配他人。或者虽然与对方站在同样的水平线上，但希望通过先下手为强的攻击来让对方"溃败"。

也就是说，当你被认为"容易战胜"或者"有威胁"的时候，就会遭到攻击。而"绝对无法战胜"或者"无法控制"的人，则是不会遭到攻击的。换句话说，就是你被"小瞧"了。

因此，请努力地提高自己。

> 枪不会击打过于出头的鸟。
>
> ——松下幸之助（松下创始人）

如果是在职场中，就努力工作，使自己成为最优秀的那一个。**将因为遭到攻击而感到的不甘和悔恨都化为动力，努力工作，直到让对方感觉"我不是这家伙的对手"为止。**

或者你遭到攻击是因为对方发现你缺乏自信。在这种情况下，就需要提高自己的"自我肯定感"，使自己更加积极主动、充满自信（有关提升自我肯定感的方法会在272页详细介绍）。

希望进一步了解的人

《佛系》（草薙龙瞬 著）

难易度 ★★

遭到他人攻击时只要不予理睬就好。但具体应该怎么做呢？这本书就为大家介绍了许多具体的方法。不安、紧张、愤怒等负面感情其实都是我们自己产生来的。只要正确地认知事物，就能够消除负面的感情。提高自己的洞察力，冷静地观察和整理身、心、感情。这套基于佛陀教诲的方法有非常完整的逻辑体系。最让人意外的是，书中指出佛陀也曾经拥有非常负面的思考方法，这给了读者巨大的勇气，能够让习惯了负面思考的人也掌握回避恶意攻击的方法。

人际关系 9　如何改变他人

关键词 ▶ **课题分离、I 信息、You 信息**

在我收到的咨询中，每 10 个必然有 1 个下面的问题。

"我丈夫总是把屋子弄得很乱，想让他自己收拾屋子。"

"我的部下工作效率很低，希望他能改变态度。"

"希望孩子能够按时完成作业。"

这些都是**"希望改变他人"**所带来的烦恼。真的能够改变他人吗？接下来我就将为大家进行说明。

事实 1　渴望改变他人是最大的压力源

正如前文中提到过的那样，要想改变他人的行动和性格非常困难。除非本人主动想要改变，否则这几乎是不可能做到的事情。

如果本人认为"不想改变"，而你却强行改变对方的性格，这就相当于一种"洗脑"。你希望对部下、伙伴或者孩子进行洗脑吗？

像 65 页中提到的那样，"他人与过去是无法改变的"，而尝试去改变无法改变的事物，会给自己造成巨大的压力。这就好像仅凭一己之力想要推动 1 吨重的巨石，除了徒增疲劳之外没有任何结果。

有些"想要改变他人"的人甚至因此而精神上疲惫不堪、陷入抑郁，但这完全是"自作自受"。对于这样的人，我推荐尝试一下阿德勒**"课题分离"**的思考方法。

> 健全的人不会尝试去改变他人，而是努力改变自己。
> 不健全的人才尝试去改变和控制他人。
> ——阿尔弗雷德·阿德勒（奥地利心理学家）

"做作业"是谁的课题？这是"孩子自己的课题（他人的课题）"，并不是你的课题。因为孩子没有做作业而对他大声训斥，只会让孩子感到困扰。

孩子是否做作业，完全由他自己判断和决定。你不能控制孩子的意识，所以因为孩子不完成作业而焦虑也是毫无意义的。你能做的只有尊重他的意见并在一旁默默守护。

绝大多数人际关系上的问题都是由于干涉和侵害"他人的课题"而引起的。如果能够做到"课题分离"，就能极大地减轻人际关系上的压力。

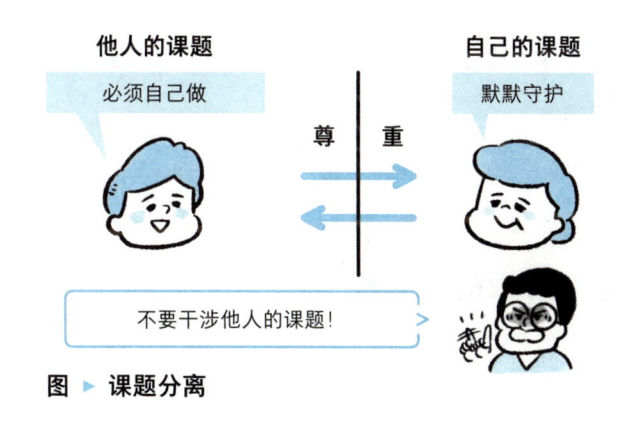

他人的课题 必须自己做 　尊　重→ **自己的课题** 默默守护

不要干涉他人的课题！

图 ▶ 课题分离

行动 1　用 I 信息替换 You 信息

过度干涉"他人的课题"，只会引发对方的反感。因此，你越是要求孩子"快完成作业",孩子越是叛逆地不写作业。那么,应该怎么做才好呢?难道就这样置之不理吗?对于存在上述烦恼的人,不妨试试下面这个方法。

比如告诉孩子,"如果你按时完成作业的话,妈妈会感到很高兴的",将自己的愿望和希望坦白地传达给对方。这种以 I(我)为主语的信息被称为**"I 信息"**。

而"你快去完成作业"因为主语是 You(你),所以属于**"You 信息"**。

即便你是出于关心才说出"You 信息",但因为会被对方认为是命令、指示和催促,所以很容易引发对方的反感和反抗。

而"I 信息"只是你个人的想法,你只是阐述了"如果你按时完成作业,妈妈会感到很高兴"这个事实,不会令对方产生你在命令或是催促他的感觉,又将希望对方完成作业的愿望很好地传达了过去。

比如不要说"自己拿出来的东西自己收回去",而是说"如果房间干干净净,我会感觉很高兴"。

不要说"你怎么总是迟到,到底是怎么想的",而是说"我比较信赖能够遵守时间的人"。

在希望他人做出改变的时候,用"I 信息"替换"You 信息"非常重要。

行动 2 持续提供信息

我在序章中建议大家"早起散步",但几乎没有人能立即开始执行。尤其是患者,一定会找出"我感觉不舒服""早晨起不来"等借口来拒绝。

在这种情况下,你越是说"请早起散步",对方越不会去做。

正确的做法是向对方**传达"早起散步"的"优点"**。

"早起散步能够重置体内的生物钟,让你晚上更容易入睡并且提高睡眠质量。"

"早起散步能够激活血清素，对治疗抑郁症很有效果。"

"其他的患者在开始早起散步之后，病情好转了许多。"

但需要注意的是说得太多也会引起对方的反感，所以每次尽量控制在 3 分钟之内。只要坚持向对方传达早起散步的优点，即便是一开始坚称"做不到"的患者，也会逐渐地开始尝试早起散步。

说服他人的秘诀在于，**不直接要求对方做什么事，而是客观、中立地向对方传达"（无论你做不做）有这样的事实""有这样的好处""有这样的科学依据"等信息。**

在向他人传达信息时，如果加入"希望你这样做"的感情反而会起到负面的效果。而不带任何感情只是单纯地传达"信息"，则能够降低对方"感情上的戒备"，起到更好的效果。

希望对方收拾房间的话，可以不动声色地在对方的桌子上放一本关于收拾和整理的书。但千万不要说，"你一定要看一看这本书"。等连你自己都忘了你曾经放过这么一本书的时候，对方其实已经将这本书看完了。

越是要求对方"做"，对方越不会去"做"。但如果你坚持向对方提供"有这样的好处""有这样的乐趣"之类的信息，对方一定会行动起来的。

行动 3 等待半年以上

当采用上述方法尝试改变他人的时候，需要经过多长时间才能取得效果呢？

根据我的经验，**最少需要半年的时间。**

当我向 10 名患者推荐"早起散步"时，只有 1 个人会立即开始行动，

2个人会在3个月之内开始行动,其余的7个人都在半年之后才开始行动。

在治疗开始的头一两个月,我会坚持向对方传达早起散步的好处,但之后就逐渐不再提起这个话题。

等过了半年左右,当我提出"最近看你精神状态不错"的时候,对方很干脆地回答:"我现在每天早晨8点起来散步。"关键在于营造出一种"不是大夫让我这样做我才这样做,而是我自己主动想要这样做"的氛围。

人类很不喜欢"被别人要求去做某事",无论做还是不做,只能由自己来做决定。在尊重对方的意志、想法、人格的基础上,坚持用"I 信息"向对方提供"这样做的好处",然后等待半年以上,对方就会发生改变。请不要焦急,耐心地等待吧。

行动 4 与其改变他人不如改变自己

与改变他人相比,更重要的是改变自己。

"如果想要改变他人,首先请从改变自己开始",这是我经常对患者说的建议,但具体应该怎么做呢?

伊索寓言中有一个叫作"北风与太阳"的故事。北风与太阳比赛,看谁能先将旅人身上的外套脱掉。

北风拼命地吹风,打算将旅人的外套吹掉,结果旅人反而将外套裹得更紧了。

而太阳则用温暖的光芒照耀旅人,旅人感到酷热难当,于是主动将外套脱掉了。

虽然关于这个寓言故事有许多解释,但从中我们可以学到人类行为的2个模式。一个是**"回避不快"**,另一个是**"追求舒适"**。

旅人在感到寒风的时候，为了回避"寒冷"（不快）而将外套裹紧，当感到炎热的时候，为了追求"凉快"（舒适）而将外套脱掉。这些都是旅人自发的行为。

"回避不快"属于去甲肾上腺素型动机，是为了回避恐惧、责备等可能使自己感到不快的情况而产生的动机。

另一方面，**"追求舒适"则属于多巴胺型动机**，是为了追求赞美、奖赏等可能使自己感到舒适的情况而产生的动机。

无论在职场还是在家庭之中，很多人都采用的是像"北风"一样的方法来让对方采取行动。但这样做只能引起对方的反感，甚至产生叛逆心理。正确的做法是像"太阳"那样，让对方主动采取行动。

> 希望他人产生好的转变固然很好，但首先请从改变自己开始。与尝试改变他人相比，改变自己更有好处，而且几乎没有任何危险。
>
> ——戴尔·卡耐基《人性的弱点》

信赖、尊重、认可，用积极的语言评价对方，并改变自己的行动，只要坚持这样做，你一定也能够使对方发生改变。

北风的做法	太阳的做法
去甲肾上腺素型动机 回避不快 控制 责备 否定 轻蔑 消极	多巴胺型动机 追求舒适 信赖 奖赏 认可 尊重 积极

图 ▶ 你采用的是哪种做法

> 希望进一步了解的人

《人性的弱点》（完全版）（戴尔·卡耐基 著）

累计销量超过 3000 万册的世界级畅销书，被称为自我启发类书籍的始祖。原书名为 How to Win Friends and Influence People（如何赢得友谊与影响他人）。译文的标题《人性的弱点》可以说非常贴切，因为要想改变他人并不容易，只有抓住人性之中的弱点才有可能成功。

本书介绍了"改变他人的 9 种方法""化敌为友的方法""让他人喜欢上你的 6 个方法""让对方和自己拥有相同想法的 12 种方法"等内容。教会你如何影响他人，改变他人的感情和思考方法，最终改变他人的行动。

其中，"化敌为友的方法"中的"拜托对方一些小事"，在本书中也有介绍。虽然这本书出版于 80 多年前，但其中的内容直到今天仍然适用，完全没有过时。

表 ▶ 改变他人的 9 个方法

方法 1	从夸奖和尊重对方开始
方法 2	间接而非直接指出对方的错误
方法 3	首先从自己的失败开始说起
方法 4	以引导代替命令
方法 5	给对方留面子
方法 6	哪怕有一点点的进步也表扬，表扬所有的改善点
方法 7	给予比实际更高的评价
方法 8	通过激励让改善点明显地显露出来
方法 9	谈论对方感兴趣的事情

选自《人性的弱点》（戴尔·卡耐基）

第 2 章

"伙伴"与"家人"是活力的源泉

私人生活

私人生活 1

降低孤独的危害

关键词 ▶ 损友、朋友与伙伴

日本的某项调查中回答"真正的朋友一个也没有"的人，男性约占40%，女性约占30%。由此可见，没有值得信赖的好友的人意外地多，人们在渴望获得"挚友"的同时，也存在感觉交流太麻烦，不善于交流等问题。

事实 1 朋友可以使人生的快乐加倍

你有能称得上是挚友的朋友吗？虽然亲友并没有严格的定义，不过"遇到困难的时候能与其倾诉的朋友"应该就算是挚友。假设你只剩下3个月的寿命，你想要第一时间打电话通知的那个朋友，就可以称得上是挚友。

现在很多地方都开始提供单人卡拉OK、单人烤肉等"单人项目"，但"独自一人也能享受到乐趣"的人毕竟是少数派，如果能够和朋友、恋人、家人一起的话，乐趣一定会加倍。

比如在高级餐厅享用大餐，独自一人的话恐怕很快就吃完了吧。但如果有朋友一起边吃边聊，就可以将这种乐趣延长更多的时间，获得更多的满足感。

当你在享受快乐的时候，如果有可以与你一起分享的人，那么这种乐趣就会增加一倍。

要是问我有没有这样的朋友，我的回答是没有。我在学生时代倒是有几个好朋友，但过了50岁之后，和他们的联系就越来越少了，有时候甚至好几年都见不到一次面。

但要是问我的人生是否因此而变得不幸，我个人认为我每天都很快乐，过着非常幸福的人生。如果有朋友在一起的话当然是再好不过，但没有的话也不会给我带来什么困扰，这就是我的心里话。

事实 2 朋友可以使不安减半

当我对患有精神疾病的患者询问"你和朋友或家人商量过这个问题吗"时，绝大多数的患者都回答说"我没和任何人商量过""我没有能商量的朋友"。

因为没有能够倾诉的人，所以只能自己一个人承受烦恼和压力，结果导致烦恼和压力越来越大，使心灵不堪重负，最终患上精神疾病。

正如前文中提到过的那样，和他人倾诉具有使精神得到放松的效果。也就是说，只是与他人进行对话和交流，就可以治愈心灵、保持心理健康。

心理咨询师就承担着这样的职责。即便患者（来访者）只是单方面地"倾诉"，心理咨询师只是单方面地"倾听"，也可以使患者（来访者）得到治愈。倾诉与交流的行为，能够极大地减轻不安和压力。

没有朋友和家人的孤独状态对健康非常不利。**孤独对健康的危害相当于"每天吸15支香烟""比肥胖的死亡率高2倍"**。为了不让"孤独"侵蚀你的身心健康，请定期与朋友交流，这样不仅可以保持你的身心健康，也有延年益寿的作用。

| 孤独 | = | 每天吸 15 支香烟 | = | 肥胖 / 肥胖 |

如果总是独自一人，身心健康都会受到伤害

图 ▶ 孤独的危害

事实 3　朋友有一个就够了

学校经常教育学生们要"多交朋友""和大家搞好关系"，但这却导致"没有朋友的人"被贴上"差劲"的标签，成为被霸凌的对象。盲目地要求学生"和大家搞好关系"，只会给孩子们增添巨大的负担和压力。

实际上，根本没有必要与任何人都搞好关系。只要与自己喜欢的人搞好关系就足够了。至于自己不喜欢的人，强行去搞好关系只会徒增压力。

朋友有一个就足够了。当然有 2~3 个的话更是锦上添花。**但朋友少并不意味着自己是个差劲的人，完全不必因此而感到消沉。**

> 与许多愚者交朋友，不如与一位智者交朋友。
> ——德谟克利特（古希腊哲学家）

事实 4　没有"损友"更好

大家应该对 LINE 的"已读未回"引发的话题还有印象吧。如果

LINE 的信息上显示了"已读",但却没有回复任何信息和表情的话,就会被对方认为自己是"故意不回复",遭到责难。迫于这种压力,很多人每隔 15 分钟就要看一下手机,甚至都没办法悠闲地洗澡。"已读未回"俨然发展成了一种社会问题。

真正的朋友能够使你的人生变得更加快乐、充实。朋友之间是平等的关系而非上下级的关系。仅仅因为没有及时回复信息就对你大发雷霆的人,显然是认为自己高你一等,并且通过对你的控制来获得快乐。

行动 1 与"损友"断绝关系

我将"挚友"和"损友"的区别整理成了一份表格。只要参照这份表格,就能立刻区分出你的朋友究竟是"挚友"还是"损友"。

与"损友"交往有百害而无一利。在你遇到困难的时候,"损友"不会为你提供任何的帮助,所以请干脆地与他们断绝关系。

表 ▶ "挚友"与"损友"的区别

挚友	损友
在一起的时候人生更加充实	无法充实你的人生
因友情而联系在一起	总是企图控制你
在一起的时候感觉很快乐	在一起的时候感觉不到快乐
在一起的时候总会忘记时间	在一起的时候感觉很疲惫
能够消除压力	增加压力
相互尊重	自我主义
对你很宽容	总是责备你
有共鸣	经常自夸并且有优越情结
总是用积极的语言鼓励你	总是用消极的语言刺激你
在你遇到困难的时候会伸出援手	在你遇到困难的时候绝对不会提供帮助
不会因为已读未回之类的小事而埋怨你	会因为你已读未回而感到生气

但为了不让对方恼羞成怒，找你的麻烦，最好逐渐地与他们拉开距离，**自然地疏远，然后切断联系。**

如果"损友"邀请你一起吃饭，可以说"非常感谢你邀请我，但我有非常重要的事情要处理"，一边表示感谢一边郑重地拒绝，反复几次之后对方应该就不会再邀请你了。

行动 2　有"伙伴"的话就不需要"朋友"

正如前面提到过的那样，我没有朋友。最近 3 年里被别人邀请到家中做客的次数只有一次。即便如此我仍然不会感觉到孤独和寂寞，因为我有"伙伴"。

我虽然没有朋友，但有很多伙伴。创作书籍时候的"作者伙伴"以及我成立的"网络心理塾的伙伴"加起来大概有 100 多人。

伙伴是因为共同的目的而聚集到一起，互相合作、帮助、应援的人。维系"朋友"关系的基础是"友情"，**而维系"伙伴"关系的基础则是"愿景、梦想、目的"。**

对于伙伴来说，因为维系关系的基础是"目的"，所以如果有人认为"前进的方向不同"，可以随时离开，相互之间并不会因为断绝了伙伴关系而交恶。

在我看来，友情有一种相互束缚的感觉，但伙伴则是"相互合作"的感觉。从不拖你的后腿，而是从后面推你给你动力的人就是伙伴。

伙伴还有一个好处就是"不会干涉私人生活"。我甚至有一些见过几十次面的伙伴，相互之间仍然不知道对方的家庭结构。也就是说，伙伴之间的关系更加轻松。

行动 3 明确自己的目的

关于寻找伙伴的方法，我将在下一节中进行详细的说明，但最简单的方法就是加入社团。

每个社团都有其"目的"。比如篮球社团的目的就是"提高篮球水平"，手工社团的目的就是"提高手工水平和在展会上出展"。不存在没有任何目的而组建的社团，因此，首先要从明确自己的目的开始。

如果和朋友们一起组建乐队，那么你们就成了"乐队伙伴"。而随着伙伴关系的加深，你或许会从伙伴之中找到挚友。也就是说，可以将朋友变成伙伴，也可以将伙伴变成朋友。

有了伙伴，你就不会感到寂寞，精神上也会更加轻松。只要拥有伙伴，你就可以从"必须结交朋友"或者"没有朋友会感到孤独"等烦恼之中解脱出来。

将人际关系的重心转移到伙伴上来，就可以解决你关于朋友关系的烦恼。

表 ▶ "朋友"与"伙伴"的区别

朋友	伙伴
以友情为基础	以共同的目的和愿景为基础
亲密交流	一起行动的人
即便价值观不同也能相互理解	价值观相同
难以断绝关系	去者不追
相互介入私人生活	不干涉私人生活
关系深（沉重）	关系浅（轻松）

希望进一步了解的人

《击败孤独》（大岛信赖 著）

难易度 ★

针对"朋友是否真的有必要"这一问题展开深入讨论的一本书。本书对"即便没有朋友感到孤独也不是什么坏事"持肯定的态度，所以即便没有朋友的人也可以安心阅读。同时，本书还介绍了许多"结交朋友的方法"以及"解决朋友关系问题的方法"。所有年龄层的读者都可以通过本书找到适合自己的方法。

私人生活 2 | 步入社会之后结交朋友的方法

关键词 ▶ 敞开心扉、社团

在上一节中，我针对"朋友"和"伙伴"进行了说明，接下来我将为大家介绍结交朋友的方法。

在学生时代，我们都能很自然地结交到许多朋友，**但走入社会之后就很难结交到新的朋友**。职场的人际关系因为涉及上下级、竞争等许多因素，所以很难建立起像学生时代那样单纯的朋友关系。那么，步入社会之后要怎样才能结交朋友呢？

事实 1 首先从敞开心扉开始

在结交朋友的时候最大的阻碍因素，就是"散发出难以接近的气场"。如果你处于紧闭心扉的状态，就难以扩大自己的人际关系。因此，首先要做的就是改变自己的态度。

如果你总是认为"没有朋友也无所谓""我喜欢自己一个人待着"，这种想法会通过非语言的信息向周围传达出去，使周围的人感觉你"难以接近"。

紧闭心扉的人在无意识的状态下给自己周围展开了一个拒绝其他人接近的屏障。如果你希望结交新的朋友，就需要将这个屏障解除掉。

首先，请改变"我喜欢自己一个人待着"这种自我防卫式的想法。如果你能从心底产生"我希望结交朋友""我也想和大家一起聊天"的想法，就会通过非语言的信息传递出一种平易近人的信号。

这就是敞开心扉的状态。

行动 1 保持微笑

没有朋友的人，大多"表情阴暗"并且散发出一种"阴沉的气氛"。反之，有很多朋友的人则总是"面带微笑"并且散发出一种"明快的气氛"。

"眉头紧锁"是"愤怒""厌恶"的信号，无意识中向对方传达出一种"No"的信息。"微笑"则是"快乐""喜悦""感谢"的信号，无意识中向对方传达出一种"Yes"的信息。

如果周围的人主动向你搭话，你却露出"眉头紧锁""冷漠""阴暗"的表情，**就相当于和对方说"不要和我说话"。**

如果你面带微笑，则相当于传达出"我很愿意和你说话"的积极信息。

请养成保持微笑的习惯，这样在别人和你说话的时候，你就能够自然而然地以微笑来应对。否则的话，好不容易获得的交流机会可能会被自己破坏。

不过，想要自然地露出笑容并不容易，必须平时多加练习，**请在每天照镜子的时候做出微笑的表情吧。**

行动 2 自己主动与别人搭话

如果没有人找你搭话，你可以主动去找别人搭话。在这个时候，应该找"和自己一样没有朋友的人"。如果对方已经有很多朋友，那么他可能对你不会很热情。但如果对方也是一个"没有朋友""朋友很少""希望结交朋友"的人,那么你们交流起来就会非常轻松。

不过,对于不擅长交流的人来说,即便想要主动与别人搭话,可能也不知道应该说些什么。

其实以结交朋友为目的的交流只需要抓住一个重点,**那就是找出自己和对方的"共同点"。**

人类与和自己有共同点的人很容易产生亲近感。这就是前文中提到过的"同质性法则"。

兴趣爱好、喜欢的体育运动、喜欢的艺术、喜欢的食物、出生地、喜欢的电视节目、喜欢的艺人、喜欢的游戏、喜欢的时尚品牌……只要能够找出一个共同点,接下来就是顺着这个共同点进行深入的交流即可。只要找到"共同的话题",即便是不擅长交流的人也能和对方顺利交谈。

行动 3 加入社团

步入社会之后,过着公司和家两点一线的生活,就连邂逅"可能成为朋友的人"的机会都变得很少。

尤其是背井离乡来到一个陌生的环境独自打拼的人,就连之前的朋友都难以取得联系。

在这种情况下,最好的解决办法就是"加入社团"。**社团是许多人出于共同的兴趣爱好而自发地集合在一起的组织,所以很容易在其中结交到朋友。**

或许有人会说:"我找不到自己想要加入的社团。"其实夜校和其他学习班也算是一种社团,还有的人在健身房里也能结交到朋友。因此,要想找到适合自己的社团,只能靠自己去积极地寻找。

最理想的状态是自己成立一个社团并负责运营,提出自己的愿景和价值观,然后吸引与你有共鸣的人主动来到你的身边,这样才能够建立起对自己来说最合适的社团。

事实 2 亲密关系与普通关系

社会学家保罗·亚当斯将人际关系按照亲疏顺序分为"挚友""倾诉对象""治愈者""伙伴""合作者""游戏伙伴""信息源""认识的人"8种类型。

其中"挚友""倾诉对象""治愈者"属于"亲密关系",其他的都属于"普通关系"。属于"亲密关系"的人最多不超过15人,"真正亲密

人际关系的 8 种类型

人数	类型
5 人	挚友 / 倾诉对象
15 人	治愈者
50 人	伙伴 / 合作者
150 人	游戏伙伴 / 信息源
500 人	认识的人

越往内侧关系越亲密,越往外侧关系越普通

《小圈子·大社交》(保罗·亚当斯 著)

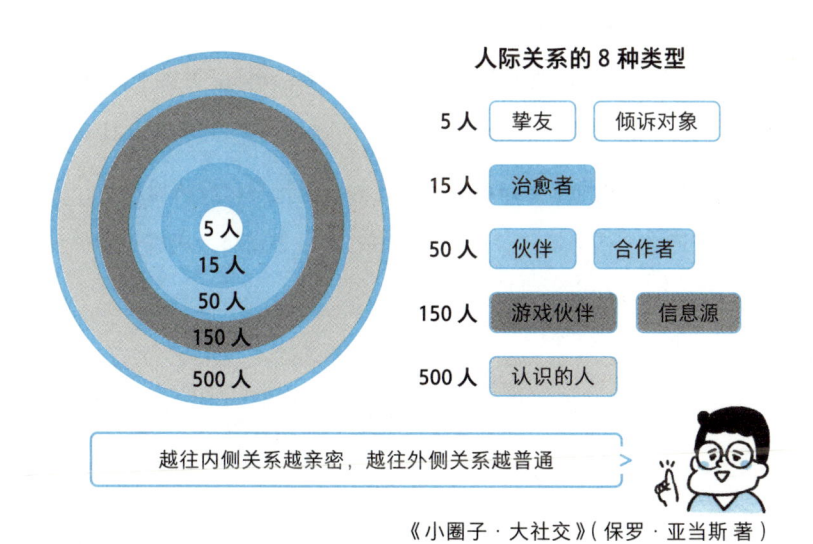

图 ▶ 具有真正亲密关系的不超过 5 人

私人生活

103

关系"的"挚友"和"倾诉对象"加起来不超过 5 人,"挚友"更是只有 1～3 人。

因为我们的时间是有限的,所以不可能和所有的朋友都保持亲密的接触。"结交 100 名挚友"从社会学和心理学的角度上来说都是不可能的。

请将有限的时间投入到与自己有"亲密关系"的人身上,孕育出更深厚的友谊。

行动 4 写出 10 个朋友的名字

请根据前面的图表,按照亲密度从高到低的顺序写出 10 个朋友的名字。

这 10 个人就是对你来说关系亲密的人,位于最前面的 3 个人是可以称之为"挚友"的重要朋友。为了加深你们之间的关系,你应该在这 3 个人身上投入大量的时间和精力。

如果你和关系亲密的人发生了争吵,应该主动修复关系。

朋友之间发生争吵的时候,往往双方都有责任。哪怕你只有很少的责任,也应该主动向对方承认错误,表示"我不应该感情用事,对不起"。当面道歉的效果最好,但如果实在当面说不出口,用聊天软件发送信息表达歉意也可以。

> 吵架的好处在于,还有机会能够修复关系。
> ——电影《巨人传》中伊丽莎白·泰勒的台词

吵架导致友情关系出现裂纹的情况下,如果双方都坚持不肯道歉,只会使关系逐渐疏远。

虽然在当时,你可能认为自己的尊严比友情更加重要,但过一段时间回过头来看,你一定会因为失去友情而感到后悔。对方往往也会有这种感觉。**有时候这种遗憾甚至会使人产生心理阴影。**

如果对方是对你来说不可替代的"关系亲密"的朋友,就不要再坚持维护所谓的尊严,而是应该坦白地向对方道歉。只需要一句"对不起",就能够将你们之间的紧张关系彻底消除。

如果吵架之后实在没办法立即道歉,那就等一周之后或者一个月之后再尝试修复关系。如果你们之间真的是"亲密关系",那么对方一定也和你有相同的想法。

步入社会之后,再想从头开始结交新的朋友非常困难。因此,现有的"亲密关系"非常宝贵,努力维持这种关系才是最佳的选择。

希望进一步了解的人

《小圈子·大社交》(保罗·亚当斯 著)

难易度 ★★★

亲密的朋友只有寥寥数人,想要与许多人保持亲密的关系是不可能的。当我第一次读到这本书的时候,在对书中的内容感到震惊的同时也产生了强烈的共鸣。虽然我也认为"不可能与许多人保持深入的交往",但并没有实际的理论依据,而社会学家保罗·亚当斯则通过许多研究为这一结论提供了有力的科学依据。读完本书,你就会发现即便在社交网络上和许多人建立亲密的关系也是不可能的。被"必须和所有人都搞好关系"的想法束缚的人,在读完这本书之后就能够从中得到解放。

希望进一步了解的人

难易度
★

动画电影《声之形》

　　高中生将也因为曾经发生的某件事而关闭心扉，所以一个朋友也没有。但在与患有听觉障碍的小学同学硝子再次相遇后，他逐渐打开了心扉。渐渐地，将也身边的朋友多了起来。独自一人感觉寂寞，被拒绝却又感到受伤。这是一个讲述持有玻璃般脆弱的心灵、感到人生不易的人们相互之间敞开心扉、成为伙伴的故事。"自己主动敞开心扉，鼓起勇气就能改变现状"，就是这部动画电影想要传达给我们的信息。请大家一定不要错过这部能够使人鼓起生活勇气的杰作。

私人生活 3

避免社交网络疲劳的方法

关键词 ▶ 刺猬困境、被认可欲

随着智能手机用户的增加，对社交网络感到疲劳的人越来越多。在一项关于社交网络的调查之中，回答"曾经对社交网络感到疲劳"的人数占全体的 42.7%。这一比例最高的是 20 多岁的女性，高达 65.0%。

四成以上的社交网络用户都对社交网络感到疲劳，如果对此置之不理，可能会导致"大脑疲劳"和"抑郁"，因此必须对其重视起来。

事实 1 过度沉迷社交网络会带来不幸

你是否认为"在社交网络上进行大量的交流，就能和对方增进关系"呢？

有些学生相互之间每天发送几十条信息，结果却因为一句话惹得对方不快，从而大打出手，或者只是因偶尔 30 分钟"已读未回"便大吵一架。

在心理学上有一个叫作"刺猬困境"的概念。

在雪地里有两只刺猬，它们都感觉很冷，所以想要依偎在一起取暖。但如果它们靠得太近又会被对方身上的刺扎得很疼。于是两只刺猬不断地靠近又离开，终于找到了一个不会互相伤害又能彼此取暖的距离。

其实在心理上也一样，如果两个人心理距离太近就很容易受到伤害，所以**保持适当的距离感非常重要。**

比如两个人在恋爱的时候非常恩爱，结婚之后却经常争吵。这就是因为心理距离过于接近，更容易发现对方的缺点，而且对关系亲密的人更容易在感情的冲动下说出心里话。

社交网络对于缩短心理距离具有非常强大的效果，但心理距离过于接近，反而会引发矛盾，导致人际关系恶化。

美国密歇根大学的一项研究发现，使用社交网络频率越高的人，情绪就越低落，生活满意度越低，主观的幸福度也会下降。

社交网络只是一种"工具"。 使用得当可以加深相互之间的交往，但使用过度或者使用不当，则会使人际关系恶化，降低自身的幸福度。

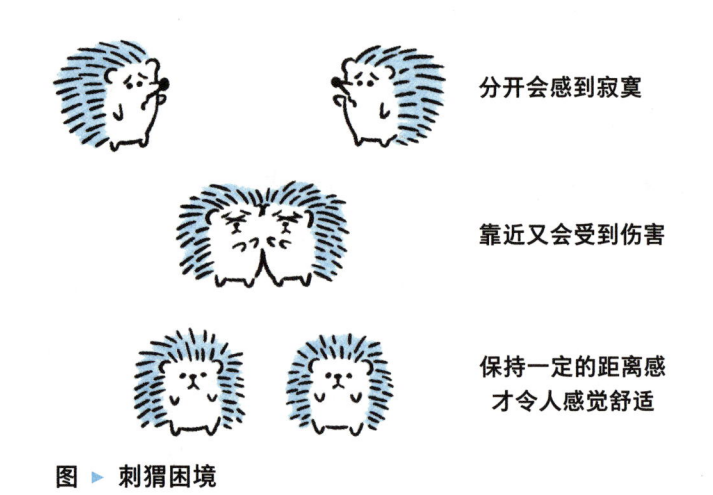

分开会感到寂寞

靠近又会受到伤害

保持一定的距离感才令人感觉舒适

图 ▶ 刺猬困境

为了避免出现上述问题，最好将社交网络当作"现实关系的辅助工具"来使用。将人际关系的重点放在现实当中，这样就不会被社交网络牵着鼻子走，也不会出现社交网络疲劳的情况。

行动 1　只与真正重要的人保持联系

一个人能够同时保持联系的人数是有限的（参见人际关系的同心

圆）。因此，每天在 LINE 上与超过 20 个人保持联系，会超出人类大脑的承受能力。在这样的情况下，会出现"社交网络疲劳"也是理所当然的。

再请大家回忆一下本书 104 页中写出的 10 个人名（尤其是位于前面的三四个人）。应该将时间主要投入在与这些人保持联系上。

至于除此之外的其他人，因为属于普通的关系，所以没必要总是第一时间回复信息，只要按照普通的频率保持联系就可以了。

事实 2 "被动感"是"疲劳"的主要原因

"容易出现社交网络疲劳的人"和"不容易出现社交网络疲劳的人"之间的区别如下表所示。

表 ▶ 二者之间的区别

容易出现社交网络疲劳的人	不容易出现社交网络疲劳的人
与所有人都保持联系	只与重要的人保持联系
一有空闲就查看社交网络	只在固定的时间查看社交网络
重视社交网络上的交流	重视现实中的交流
同时使用很多社交网络	只使用特定的社交网络
立刻回复信息	只及时回复重要的信息
认为使用社交网络是一种义务	认为社交网络只是一种工具
总是发送大段的信息	发送的信息简洁明快

如果总是"被动"地使用社交网络，就很容易出现社交网络疲劳。 而能够自己掌控社交网络的人，则能够轻松自如地使用社交网络。

你属于"容易出现社交网络疲劳的人"还是"不容易出现社交网络

疲劳的人"呢？如果属于前者，那么在问题变得严重之前请及时改变使用社交网络的方式。

行动 2 取得使用社交网络的主动权

要想取得使用社交网络的主动权，可以尝试以下两个方法。

（1）将使用的社交网络控制在2个以下

现在有许多流行的社交网络，你正在使用的有多少呢？如果使用的社交网络太多，即便只是全部浏览一遍也需要花费大量的时间。

为了不给自己增加压力，请将使用的社交网络数量控制在2个以下。除了主要使用的社交网络之外，其他的都删除掉。这样就能极大地减轻"社交网络疲劳"。

（2）事先规定使用社交网络的时间

绝大多数人对于社交网络的使用都没有限制。工作休息时、等人时、通勤时，甚至散步时，只要一有空闲就拿起手机浏览社交网站。

我给自己的规定是**"只在启动电脑的时候浏览社交网站"**。这样一来，我就能够将每天浏览社交网站的次数控制在4~5次，时间在30分钟之内。

只要控制自己不用智能手机浏览社交网站，就能多出许多时间。也可以给自己规定"坐车的时候看书不看手机"，这样也能极大地减少使用社交网站的时间。

行动 **3** 将社交网站作为"输出工具"

对我来说，与将社交网络作为与朋友联络和交流的工具相比，我更喜欢将其作为发送信息和输出的工具。读完一本书之后，将读后感发表在网站上，看完一场电影之后将观后感写在博客上。如果这些感想能够被几百人甚至几千人读到，并且收获超过 100 次的"点赞"，那会是多么令人开心的事啊。这种"输出型的交流"只需要发送一次信息，就能与 100 个以上的人取得联系。如果是传统的"个别型交流"，为了与 100 人交流，需要发送 100 条信息。由此可见，"输出型交流"的效率是"单独型交流"的 100 倍以上，能够以此提高与许多人的亲密度。

单独发送的信息，有种"强迫对方阅读"的意思在里面，而发表在自己主页上的信息则不会使对方产生任何压力。因为保持了一定的心理距离，所以不会出现刺猬困境。

反之，将社交网络当作输入工具的人，即便在工作和学习的时候也会不由自主地浏览社交网络，结果影响工作和学习的效率。

我曾经对 175 人进行过一项实验调查，我让参与者尽可能回忆过去的一周内在社交网站上看过的新闻和博客的内容，结果参与者平均能够回忆起的数量只有 3.9 个，这只相当于一周输入量的 3%。**也就是说，即便将社交网络当作输入工具，其中 97% 的信息都会被遗忘。**

只有将社交网络当作输出工具来使用，才能发挥出其真正的威力。

事实 **3** 不要过度追求被认可欲

在社交网络上曾经发生过有人为了获得更多的"点赞"，冒险拍摄十分危险的照片结果发生坠落事故导致人身伤亡的事件。

获得大量的"点赞"确实能够使人的被认可欲得到极大的满足，但为此而采取的以上这一类行动却充满了危险。

> 过度追求他人的认可，过于在意他人的评价，最终只是在为他人而活。
>
> ——阿尔弗雷德·阿德勒（奥地利心理学家）

虽然在"马斯洛需求理论"之中（169页），"被认可需求"是位于上面第二层的非常重要的需求，但阿德勒的心理学却对"被认可欲"持否定的态度。

追求被他人认可的行为就是在迎合他人，这会导致失去自我，使人生变得不幸。

我认为不能完全否定"被认可欲"。事实上，我也每天都会在视频网站上更新视频，如果播放数超过10万次的话，我也会感到非常高兴。但如果被这种兴奋反过来操控了自己则另当别论。

我有时候会与视频网站上的关注者举办线下交流会。当我亲耳听到他们说"我按照你视频上介绍的方法尝试了一下，病情出现了好转"的时候，比我在社交网络上看到1万个点赞还要高兴，这种现实中的转变才是最有意义的。

与虚拟的网络世界和社交网络上的点赞数量相比，关注现实世界更加重要。

> 希望进一步了解的人

《创造时间》（杰克·纳普、约翰·泽拉茨基 著）

难易度 ★★

　　注意不要过度使用智能手机和社交网络。现在提倡"切断网络、限制使用智能手机"的数码排毒理论十分流行，本书就是这一理论的指导书。虽然书中也介绍了许多时间术，但最为强调的内容就是减少智能手机的使用时间。具体包括"将桌面清空""设定长达20位的密码""每次用完都退出账号""删除所有的社交网络应用程序""关闭通知""将设备放在公司不带回家"等许多非常严格的方法。只要尝试这些方法，一定能够摆脱对智能手机的依赖，获得大量的自由时间。

私人生活 4 了解对方是否具有善意的方法

关键词 ▶ 曝光效应

"不知道那个人对我的看法如何",很多人都想知道这个问题的答案吧。有的人之所以"即便面对自己喜欢的人也不敢表白",就是因为"不知道对方心里究竟是怎么想的"。

那么,究竟怎样才能了解对方内心的想法呢?

事实 1 通过非语言信息把握对方的心理

人类之间的交流可以分为"语言交流"和"非语言交流"两种。

表 ▶ 两种交流方法

语言交流	非语言交流
语言的意义、语言的信息	视觉……外表、表情、视线、姿态、动作、服装、举止 听觉……语气、声调的强弱与高低

"语言交流"指的是通过语言来传达意义和内容。"非语言交流"则是通过外表、表情、视线、姿态、动作等视觉信息,以及语气、声调的强弱与高低等声音信息来传达意义和内容。

有时候,一个人的心里话和感情即便没有通过语言表现出来,也会通过非语言的表情和动作表现出来。只要观察非语言信息,就能把握对方的心理。

行动 **1 试着邀请对方一起吃饭**

不敢向喜欢的人表白,是因为不知道对方心里的想法,也就是害怕遭到拒绝而受到伤害。

如果知道"对方对自己是好意",可能就会告白。反过来,如果知道对方对自己没有意向,就会放弃。

如果想知道对方是否对自己有好感,只要观察非语言信息即可。

最简单的方法就是"邀请对方一起吃饭"。但如果说"下次我们两个人一起去吃饭吧",未免有点太直接了。

可以尝试一下这样委婉的说法。

"这附近好像新开了一家环境很不错的意大利料理店?"

"啊,我知道。"

"我朋友去过了,据说菜品很正宗很好吃!"

接下来就需要注意对方的反应。

如果对方回答说"我也想去"那就说明有戏,但如果对方回答"是吗",则说明对你没什么感觉。

通过对方的"第一反应",就能看出对方的想法。兴致的高低代表了对你好感度的高低。如果对方"想和你一起去",肯定会表现得兴致勃勃,但如果"不愿和你一起去",则会显得意兴阑珊。只需要观察对方这一瞬间的反应,就可以清楚地把握对方"是否对你有好感"。

如果觉得这些非语言信息还不够充分,可以继续试探地说:"我这周有空,打算去看看。"

要是对方回答"我这周有别的事"或者"那叫上大家一起去吧",就说明对方并不想只和你两个人一起吃饭。

私人生活

最重要的是发出邀请后对方的反应。关键点在于当你说出"要不要一起去吃饭"的一瞬间,对方露出的表情究竟是喜悦还是困扰。因为这是小脑杏仁核出于本能做出的反应,很难通过理性加以控制。如果对方一瞬间露出喜悦的表情但很快又恢复了冷静,说明大脑皮质认为"喜形于色显得很没礼貌",于是对表情进行了控制。但这两种表情之间的切换至少也需要1秒钟的时间。

只有经过严格训练的人才能掩盖小脑杏仁核在无意识中做出的反应,而其余绝大多数人都会将自己的感情在脸上表现出来。

只要仔细观察对方的表情,就能看出对方究竟是"虽然想去但确实因为有事而拒绝"还是"完全不想和你一起去"。

当对方虽然想去但真的因为有事而不能一起去的时候,应该会主动提出"我下周六的话就有时间了"。

当然,愿意"一起吃饭"并不意味着一定会接受"表白",但不愿"一起吃饭"肯定是不会接受"表白"。因此,要想探知对方的想法,最好的办法就是试着邀请对方一起吃饭。

行动 2 失败时的应对方法

即便被对方拒绝了吃饭的邀约,也不必立刻放弃。可以继续缩短与对方的心理距离,提高对方对自己的好感度。

如果两个人一起去不行,可以邀请更多的人一起,这样就能极大地降低对方的抵触情绪。在心理学上有一个叫作"曝光效应"的概念,放在这个情境之中就是"**接触的次数越多,亲密度越高**"。只要不断地增加与对方接触和交流的机会,对方对你的好感度就会越来越高。

只要坚持下去，总有一天对方会接受你的邀请。因为对方可能是想考验你的真心，或者"不愿被当作随便就接受邀请的人"。

为了更进一步提高成功率，最好选择"对方喜欢的料理店"以及"将时间选择在白天"。

现在的年轻人都喜欢利用 LINE 等社交软件发送信息来邀请，但当面邀请是最有效果的。因为"用 LINE 邀请更容易"的同时也意味着"用 LINE 更容易拒绝邀请"。

而且通过 LINE 无法观察对方的"表情""动作""态度"等非语言信息，难以做出准确的判断。

事实 2 男女在交流上的区别

虽然也存在例外，但在绝大多数情况下，女性更擅长非语言交流，而不擅长语言交流。男性则更擅长语言交流，不擅长非语言交流。

对于不擅长非语言交流的人，无论你怎样做出好感的暗示，对方可能都注意不到。在这种情况下不妨试着将自己的好感直接转化成语言信息，并以比平常更夸张的程度表达出来，这样对方一定能够感觉得到。

> 希望进一步了解的人

《用心理学技巧把握并掌控对方的心理！狡猾的恋爱心理术》（小罗密欧·罗德里格斯 著）

难易度 ★

　　虽然能够通过非语言信息把握对方的心理，但对缺乏恋爱经验的人来说，要做到这一点并不容易。本书从"举止""视线""姿势"等角度出发，对解读对方心理的具体方法进行非常详细的解说。除此之外，本书还介绍了吸引对方注意力的方法、控制他人想法的方法等各种心理技巧。只要掌握了本书之中介绍的方法，就能提高自己的观察力和沟通能力。

私人生活 5　解决亲子问题的方法

关键词 ▶ 毒亲、心理距离

"家长总是唠叨我""哪怕是一点小事也要对我嘱咐半天",从孩子的立场上来看,家长总是反复强调同一件事,确实让人感觉"厌烦"。

甚至还有对孩子过度干涉,用语言和暴力控制孩子,使孩子的性格与人生出现扭曲的"毒亲"。

某个针对"亲子关系"的问卷调查表明,有 2/3 的孩子在家庭关系中感觉到压力。在本节之中我将对这个问题进行说明。

事实 1　家长"总是唠叨"的原因

家长事无巨细地对孩子千叮咛万嘱咐究竟是出于怎样的心理呢?答案其实很简单,这是出于家长对孩子的关心和爱护。

每一位家长都希望自己最爱的孩子能够过上幸福的人生,所以才无论任何事都要悉心地给予指导和建议。

行动 1　微笑着说"谢谢"

作为孩子,应该坦诚地接受父母对自己的爱,并且由衷地向父母表示感谢,对他们说"谢谢你们总是这么关心我""非常感谢你们总是惦记着我"。

如果你能微笑着对父母表示感谢,那么你们之间的亲子感情交流就会变得顺畅起来,父母也会感到非常温暖和满足。

因此，如果你希望父母能少唠叨你一些，就请笑着对他们说"谢谢"吧。

或许有人会说"我可不想撒谎"，但这并不是撒谎。你"感谢的"并不是他们的唠叨，**而是感谢他们对你的关心。**

如果你不耐烦地说"知道了、知道了"或者"总是说同样的话烦不烦啊"，反而会起到相反的效果。

对于父母来说，如果感觉孩子没有接受自己的心意，会产生一种缺失感。这种缺失感会促使父母对孩子提出更多的建议，变得更加唠叨。

事实 2　父母的建议跟不上时代

对于父母提出的建议，应该将"内容"和"心意"区分开来。

比如现在还有许多家长希望"孩子进入银行工作"。但"在银行工作就能一生无忧"已经是 30 年前的观念了。现在银行的窗口业务大多实现了自动化，现金存取也都通过 ATM 完成，随着电子支付的发展就连 ATM 的数量都大幅减少了。

父母的本意是希望孩子能够过上幸福的人生，但在无意识之中却给出了落后于时代的错误建议。

父母给出的建议都是基于自己的常识、知识和经验，因此往往跟不上时代。

行动 2　用微笑回避父母的建议

即便是父母给的建议，也只能作为"参考"，最后做出决定的人只能是你自己。如果一味听从父母的建议，而不能去做自己真正想做的事，那就是在浪费自己的人生。

即便完全按照父母说的去做，父母也不会承担任何的责任，既然责任完全由自己承担，为什么不选择自己想要的人生呢？

如果你认为父母的建议"不正确""无法接受"，那就面带微笑地对父母说"感谢您的建议""谢谢你们总是关心我"，但实际上完全不必按照父母说的去做。

事实 3　什么是有毒的父母

有毒的父母（toxic parents）指的是"对孩子的人生造成恶性影响的父母"。这个概念由心理学家苏珊·福沃德在1989年提出。

被有毒的父母养育出来的孩子会出现怎样的情况呢？

（1）人际关系扭曲
（2）不自爱也不爱他人
（3）依赖性强、无法自立
（4）精神不稳定，容易患上精神疾病
（5）离婚率高
（6）自己也会成为有毒的父母

因此，当觉察到自己的父母属于"有毒的父母"的时候，必须立即摆脱他们的影响。

> 你今后将要组建的家庭，远比养育你的家庭更加重要。
> ——林·拉德纳（美国作家、记者）

行动 3 应对有毒的父母的方法

当你怀疑自己的父母有毒的时候，首先需要注意的是，有毒的父母也分为不同的程度和许多种类型。重度的有毒父母会使孩子患上精神疾病，甚至对孩子使用暴力，轻度的有毒父母则只是对孩子"过度干涉""过度照顾""控制欲强"。因此，区分有毒父母的轻重程度也很重要。

正如本书多次强调过的那样，过去与他人是无法改变的。而在无法改变的他人之中，最难改变的就是"父母"，"有毒的父母"更是难以改变。

因为"有毒的父母"认为"自己是绝对正确的"，所以你的说服和反驳都相当于是火上浇油，只会使对方产生更强的控制欲。

请牢记"有毒父母不会改变""有毒父母无法改变"。在认清这一点的基础上，可以采取以下的方法来保护自己。

（1）建立起心灵的防护罩

给自己的心灵建立起一个防护罩，使自己不会受有毒父母的毒害（思考方法、行动指示、影响）。**在观察父母的行为时像看电视节目一样保持客观**，就可以减少自己受父母影响的风险。

此外，有的有毒父母总是会将错误的责任推到孩子的身上。在这种情况下千万不要自责，认为"这一切都是自己的责任"，要认清这只是因为父母将毒害播撒到你的身上而已。

（2）加强家庭之外的人际关系

虽然与家人之间的人际关系非常重要，但这并不意味着一切。**如果与家人之间的人际关系对自己有害无利，那就从"挚友"和"伙伴"的人际关系之中寻求安心与安宁，这对维持心理健康具有非常重要的意义。**

建立伙伴关系非常重要。但有毒的父母知道一旦你结交了伙伴,他们对你的控制力就会降低,所以会横加阻拦,要求你"远离那样的家伙",在这种情况下千万不要轻易妥协。

(3)离开家庭,摆脱自己的依赖心理

有些有毒的父母会满足孩子的一切愿望,对孩子过度保护。这样的孩子大多对父母存在严重的依赖心理。

消除这种类型有毒父母影响的最佳办法就是"离开家庭""不与父母一起住"。虽然与父母一起住在金钱和家务方面会轻松许多,但这也容易使自己产生依赖心理。

"过度干涉"的父母从好的一面来看是"无微不至关怀孩子"的父母,因此很容易让孩子产生依赖心理。也就是说,**无法摆脱有毒父母的原因可能出在孩子自己身上。**

在这种情况下,首先需要认清自己的依赖心理,然后下定决心摆脱这种心理。可以趁着"考上大学"或者"就职"的机会开始"独自生活"。

表 ▶ 应对有毒父母的方法

1. 建立起心灵的防护罩
2. 加强家庭之外的人际关系
3. 离开家庭,摆脱自己的依赖心理
4. 保持距离

(4)保持距离

为了不受有毒父母的影响,可以和对方保持一定的距离。只要在物

理上拉开距离，心理上也能拉开距离。要想保持距离，就必须做到"离开家自己一个人独立生活"，但不能只是在家附近租个房子，这样做没有任何意义。

如果父母总是打电话过来，不必每次都接，可以每隔两三天，等精神上比较放松的时候再接电话。还可以采用"错开回复信息的时间""降低频率"等方法来逐渐地减少接触的次数，这样就能达到保持距离的目的。

希望进一步了解的人

《毒亲：写给父母是毒亲的人和不想成为毒亲的人》（中野信子 著）

难易度 ★★

关于有毒父母的书籍有很多，但这类书中涉及心理学的内容越多，深受有毒父母之苦的读者在阅读的时候就越会想起过去痛苦的回忆。而本书的作者是一名脑科学家，以脑科学、遗传、科学实验的结果为切入口，对"有毒父母究竟是什么"进行冷静、客观的分析。读完本书之后，你就不会再怨恨自己的父母，也不会产生自责，而是能够客观地审视自己与父母或者自己与孩子之间的关系。

电影《黑天鹅》

难易度 ★

这是一部充分展现了"有毒父母"可怕之处的影片，娜塔莉·波特曼凭借此片荣获奥斯卡最佳女主角。主人公妮娜的母亲艾丽卡将她未能实现的芭蕾舞梦全都寄托在女儿的身上，对女儿倾注了过度的感情。但当妮娜有机会成为《天鹅湖》女主角的时候，艾丽卡则开始竭尽所能妨碍女儿取得成功。想要彻底掌控女儿的有毒父母与想从有毒父母的掌控之中挣脱出来的女儿之间展开了一场扣人心弦的心理对决。

私人生活 6　改善夫妻关系

关键词 ▶ **男女的心理**

"妻子总和我生气""丈夫不愿意听我说话",很多人都希望能够改善夫妻之间的关系。在某项关于夫妻关系的调查中,大约有 10% 的人回答"夫妻关系不好"。虽然看起来好像绝大多数夫妻之间关系都很和睦,但谁也说不准什么时候夫妻之间就会出现问题。

事实 1　稳定的夫妻关系是"幸福"的基本

美国的著名作家斯蒂芬·金在其著作中这样写道:

> 当有人问我成功的秘诀是什么时,我总是回答有两个:一个是健康的身体,另一个是和谐的夫妻关系。
> 　　　　　　——斯蒂芬·金(美国作家,《写作这回事》)

成功的最大秘诀是"健康"和"和谐的夫妻关系",这个回答非常耐人寻味。

"和谐的夫妻关系"是生活的基础,是提高工作效率的保证。如果早晨和另一半吵架,会使人产生巨大的压力,一整天都处于焦虑的状态。

某项研究表明,决定女性幸福感的最重要因素就是**"稳定的夫妻关系"**。

如果夫妻关系不和谐,即便两人在经济上非常富裕,也不会感到真正的幸福。

在"人际关系的同心圆"中，位于最内侧的"重要的他人"，就包括家人、恋人、挚友等对你来说无可替代的人。

"夫妻关系"是最重要的人际关系之一，但很多人却忽视了这一点，将精力都放在维系职场人际关系上，结果只是平白地给自己增添压力。

即便职场的人际关系不好，如果回到家中能够使自己得到放松的话就可以极大地减轻心理压力。无论多么努力地去维持职场的人际关系，一旦跳槽或者岗位出现变动，都必须从头再来。而夫妻关系则能够维持几十年。应该将时间和精力投入到哪一边，答案已经很明显了吧？

行动 1　保证每天 30 分钟的夫妻交流时间

日本的某项调查中关于"夫妻之间每天的平均交流时间"的问题，回答在 1 小时以上的人为 43%，回答 15 分钟以下的人为 25%，由此可见有 1/4 的夫妇平时几乎没有什么交流。

每天只交流 15 分钟，这时间实在是太短了。但对于都要上班的夫妻来说，想要找到交流的时间确实并不容易。因为早晨的时间很忙碌，所以能够安安稳稳地交流的时间大概只有吃晚饭的时候。

夫妻一起吃晚餐，如果有孩子的话就全家一起吃晚餐，这一点极为重要。即便做不到每天都一起吃晚餐，至少在"不加班的日子"也应该尽早回家，全家聚在一起，一边吃晚餐一边分享最近发生的事情。这样做可以保证家人相互之间最低限度的交流，使夫妻关系和亲子关系更加稳定。

此外我还为大家提出以下 3 点建议。

（1）吃饭的时候不许看手机、电视、报纸

即便全家坐在一起吃饭，如果相互之间没有"交流"的意愿，那就只是单纯地坐在一起而已，没有任何意义。在吃饭的时候要避免看手机、电视和报纸。尤其是手机，和别人一起吃饭的时候看手机这种行为，就相当于向对方传递出"我对你不感兴趣""手机比你更重要"的非语言信息。

如果家长当着孩子的面在吃饭的时候看手机，孩子也会模仿。为了不让孩子产生手机依赖症，家长必须以身作则。

（2）重视眼神交流

倾听的3个秘诀分别是"眼神交流""点头附和"，以及"重复对方的话"。反之，如果在对方说话的时候"不看对方""没有反应"则无法加深双方的关系。因此，在交谈的时候，最好看着对方的眼睛。

全家一起吃饭时是非常宝贵的交流时间。在吃饭的时候应该贯彻"不看手机""不看电视"的规则，专心交流。

（3）仔细选择话题

在考虑到男女交流特性的基础上仔细地选择话题也非常重要。

从"男性"的角度来看，男性大多需要通过家庭来寻求"治愈"。丈夫并非不愿意听妻子说话，但如果妻子总是说朋友的"坏话"和"闲话"等负面的信息，就会使丈夫感到厌烦。

妻子在和丈夫交流时，应该多说一些"自己的事情"。 比如"自己的体验""自己的感情"等内容，并且尽量避免传达太多的负面信息。

从"女性"的角度来看，女性大多是通过交谈来发泄自己的压力。

只要每天听妻子倾诉30分钟，就能使妻子保持好心情，使夫妻关系更加稳定，再也没有比这更简单的方法了。因此，身为丈夫应该认真地倾听妻子的话。

> 当感觉到对方在认真倾听自己说的话，并且对自己产生理解与同情的时候，女性就会确信对方深爱着自己，并且感到心满意足。所有的不信任和猜疑都会立即烟消云散。
>
> ——约翰·格雷（美国心理学博士，《男人来自火星，女人来自金星》）

事实 2　理解丈夫与妻子心理上的差异

关于男女心理差异的问题是心理学比较热门的领域。虽然其中也有例外的情况，而且脑科学对此也存在赞成和反对的不同意见，但毕竟这种理论适用于大多数人，所以了解一下应该也没坏处。

一般来说，**女性"喜欢谈论别人"而男性则"喜欢谈论自己"**。只要事先理解了这一点，就能尽量避免夫妻之间出现问题。只要学习异性的心理，就能够让人际关系变得更加顺畅。男女思考方式的差异如下表所示。

表 ▶ 丈夫与妻子思考方法的差异

	丈夫	妻子
倾诉	寻求建议	寻求共鸣
对话	希望对方表述清楚	希望对方理解自己
解释	说明理由	感情用事

（续表）

	丈夫	妻子
幸福感	因"被需要"而感到幸福	因"被爱"而感到幸福
家庭需求	归属感与舒适感	安心与稳定
疲劳时	希望一个人静静	希望对方能够觉察到
烦恼/不安	希望得到信赖	希望有人关心
金钱	自由地使用	计划地使用
家务	希望别人指导	希望自己思考
育儿	希望偶尔参与	希望偶尔休息

《为什么丈夫什么也不做 为什么妻子总是没来由地发火》（高草木阳光 著）

事实 3　正确面对夫妻争吵

夫妻之间的争吵，可以看作是夫妻相互之间交换意见，"将各自的想法用语言传达给对方"。

但在这个时候需要注意**"不能感情用事"**。控制住愤怒的情绪，只是将自己的想法传达给对方，争吵就不会升级，也不会对双方的感情造成伤害。

> 争吵是婚姻的一部分。
> ——约翰·戈特曼（华盛顿大学心理学名誉教授）

美国的夫妻问题研究专家约翰·戈特曼博士认为，"争吵对夫妻生活来说并不是坏事。但与争吵的频率相比，对愤怒情绪的反应更为重要"。

换句话说，**"能够让负面的情绪发泄出来"的情侣更加稳定。**夫妻之间的争吵就相当于一种负面情绪的发泄，随后只要能够互相理解并修复感情，那么争吵就绝对不是件坏事。

行动 2 夫妻之间交换日记

夫妻之间交换日记，是维持夫妻关系稳定的秘诀之一。

因为争吵的时候只会传达"不好的事情"，所以属于负面的沟通。而日记之中既有"今天发生的事情""遇到的开心事"，也有"愿望"和"希望改善的地方"，将正面内容与负面内容的比例控制在"3∶1"左右，更容易得到对方的理解和接受。

有研究表明，正面内容与负面内容的比例在"5∶1"以上的夫妻，几乎都不会离婚。

通过文字不断共享信息和感情，有助于提高亲密度。如果夫妻之间缺乏交流，无法实现信息和感情的共享，就很容易引发"交流障碍"和"误解"，争吵也会变得频繁起来。

增加利用 LINE 发送信息的频率也能起到一定的效果，如果没有写日记的习惯，可以用这种方法来代替。

此外，要想维持夫妻关系，明确地向对方表达"关怀"和"感谢"也必不可少。请试着坚持每天至少一次向伴侣说"谢谢你"，只需要这样一个简单的举动，就能使夫妻关系得到显著的改善。

请努力在夫妻的交流中寻找说"谢谢"的机会，绝对不能认为"即使我不说对方也能感觉到"。**"谢谢"一定要清楚地说出来。**

希望进一步了解的人

难易度 ★

《为什么丈夫什么也不做　为什么妻子总是没来由地发火》（高草木阳光 著）

要想减少夫妻之间的争吵，改善夫妻关系，了解丈夫和妻子在思考方法上的差异非常重要。只要把握了这一点，就能极大地降低夫妻争吵的危险性，使夫妻关系更加和睦。本书不仅适合夫妻关系存在问题的人，对于夫妻关系和睦的人也能够起到增进感情的效果。书中拥有丰富的事例，有助于读者理解和进行实践。

此外，以下两本书也推荐大家阅读。

《男人来自火星　女人来自金星》（约翰·格雷 著）

《亲爱的，幸福没那么难》（五百田达成 著）

私人生活 7　育儿问题的应对方法

关键词 ▶ 环境、行动、努力

根据日本的某项调查，87.9%有孩子的父母都表示"有负担和烦恼"。由此可见，绝大多数父母都对养育孩子感到某种"烦恼"和"负担"。

事实 1　"育儿"对任何人来说都不是一件容易的事

人类与其他的动物不同，没有人一出生就懂得"育儿"的方法。育儿的方法都是通过自学、向他人请教，以及不断的失败掌握的。

育儿对任何人来说都不是一件容易的事。虽然也有"快乐""喜悦"和"幸福"的部分，但更多的则是"精神上和肉体上的疲惫"。甚至有的父母会因为压力的不断积累而出现育儿焦虑。

为了消除育儿产生的压力，"学习"必不可少。很多人对育儿的理解都是"父母养育孩子"，**但实际上父母也能通过育儿获得成长。**

只要父母得到了成长，就能战胜育儿的艰辛。

行动 1　基本方法能够解决九成的育儿问题

本书序章之中介绍的应对"烦恼"的基本方法，同样能够解决育儿中九成的问题。此外，如果大家按照以下的循环来采取行动，也能极大地消除育儿的压力。

这个循环其实非常简单，只需要通过书籍和向有经验的人学习方法

```
输入          输出
(学习)   →   (尝试)
  ↑           ↓
       反馈
      (改正)
```

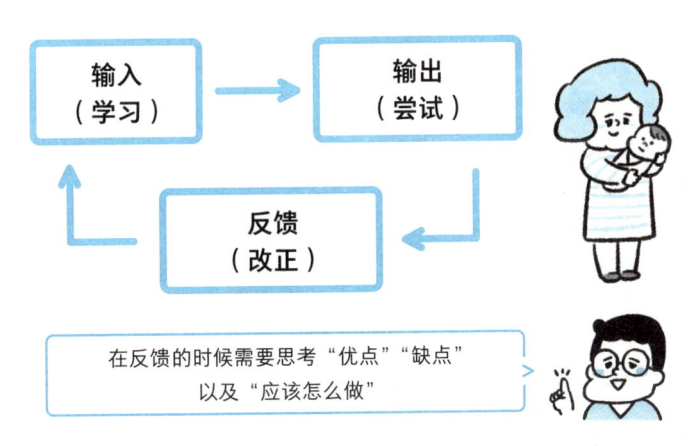

在反馈的时候需要思考"优点""缺点"以及"应该怎么做"

图 ▶ 育儿的输出循环

（输入），实际尝试（输出），找出有问题的地方并加以改正（反馈）。

如果感觉自己在育儿上不顺利，那肯定是在这个循环的某个环节上出现了问题。

如果"输入"不顺利，**属于"不知道应该怎么做""不知道具体方法"的问题。**可以通过阅读相关书籍或者向有育儿经验的人请教来寻找应对的方法。

如果"输出"不顺利，**属于"虽然知道方法，但无法顺利执行"和"因为不安和担心而无法执行"的问题。**可以通过将应对方法分解，设定"小目标"等方法来降低执行的难度。

如果"反馈"不顺利，**可能是因为每天过于繁忙，以至于没有时间回顾"哪些地方做得好""哪些地方做得不好"。**不要独自进行反馈，最好与有育儿经验的人商量，请对方对自己的育儿方法提出意见。

行动 2　让孩子的头脑变聪明的方法

家里有学龄期孩子的家长烦恼最多的问题就是"孩子的成绩"和"升学与考试"。很多家长都希望"孩子能够变得更加聪明"。很多人都认为孩子的智商是天生的,无法后天改变,但实际上这是一种错误的认知。

近年的脑科学研究表明,**通过后天的"环境""行动"以及"努力",能够使大脑变得更加发达,提高智力和学习成绩。**只要按照以下的方法去做,你的孩子也可以变得更聪明。

表 ▶ 让孩子变得更聪明的方法

1. 睡眠 保证睡眠和休息的时间,有助于培养孩子的"记忆力""专注力"和"适应力",还能减轻"压力"和"焦虑"。对于 6~13 岁的儿童来说,应该保证 9~13 小时的睡眠
2. 运动 坚持运动的孩子比不运动的孩子在"智商""成绩""执行力""专注力"上都有更好的表现。运动能够促使大脑分泌脑源性神经营养因子,激活大脑,强化大脑神经网络,促进大脑神经元发育
3. 阅读 每天坚持阅读 1~2 小时的孩子在考试时取得的分数更高。让孩子养成阅读的习惯对提高智力非常有好处

孩子成长的环境非常重要。如果父母总是熬夜,孩子也会睡得很晚,导致早晨起不来。如果父母都有阅读的习惯,孩子也会效仿父母的举动开始读书。

> 产后最佳的育儿方法之一,就是让孩子多睡觉。
> ——特蕾西·卡奇洛(育儿专家,《培养聪明宝宝的 55 个秘诀》)

行动 3　夫妻分担家务和育儿

根据我身为精神科医师的经验，因为育儿感到烦恼，出现育儿焦虑的，大多是自己一个人承担全部育儿责任的人。他们的另一半既不做家务也不帮忙育儿。

虽然育儿是一件非常辛苦的事情，但如果能够夫妻分担、互相帮助，那么这种辛苦也会变成"喜悦"和"幸福"。在需要帮助的时候，妻子应该主动且明确地向丈夫提出"你能帮我分担××吗？"，否则迟钝的丈夫是根本不会主动提出帮忙的。

作为育儿的主力，请适当地让另一半分担家务和育儿的责任，减轻自己的负担，避免自己被累垮。

私人生活

希望进一步了解的人

《培养聪明宝宝的 55 个秘诀》
（特蕾西·卡奇洛 著）

难易度
★★

　　市面上关于育儿的书籍有很多，但大多都是基于"个人经验"的书籍，本书则以"科学研究"为突破口，介绍了 55 个有科学依据的育儿秘诀。本书针对从婴幼儿到学龄儿童阶段必然会遇到的"感情""交流""生活习惯""游戏""关系""教养"等问题进行了非常全面的介绍，并给出了明确的应对方法。

　　比如在表扬孩子的时候，不能将表扬的重点放在"才华"上，而应该将表扬的重点放在"过程"上。为了培养孩子的"才艺"，可以让孩子学习舞蹈、武术、乐器等。本书通俗易懂，易于实践，是一本非常实用的育儿书。

私人生活 8

消除对护理的担忧

关键词 ▶ 衰老、暂休

日本的老龄化社会趋势正在不断加剧,父母甚至自己需要"护理"的问题已经离我们越来越近。日本某项关于"老年不安"的问卷调查表明,对"护理感到不安"的人占全部回答人数的 52.8%。

对照顾父母和伴侣感到不安的人占全体的 78.6%,对自己需要照顾感到不安的人占全体的 81%。此外,仅在 2016 年一年间,因为护理、看护的原因而提出离职的人数就多达 8.5 万人。

同年,65 岁以上被认定为需要护理和帮助的老年人数量超过 600 万,这意味着平均每 20 个日本人中就有 1 名是需要护理和帮助的老年人。如果将范围限定在 65 岁以上的话,那就是平均 5.6 个人中就有 1 名需要护理和帮助的人。

对于家中有老人的人来说,护理是与自己息息相关的问题。但护理非常辛苦,往往会给护理者的精神和肉体都造成巨大的负担,甚至发生过护理者杀害自己照顾的亲人然后又自杀的惨剧。

65 岁以上的老年人中,每 5.6 个人中就有 1 名是需要护理和帮助的老人。

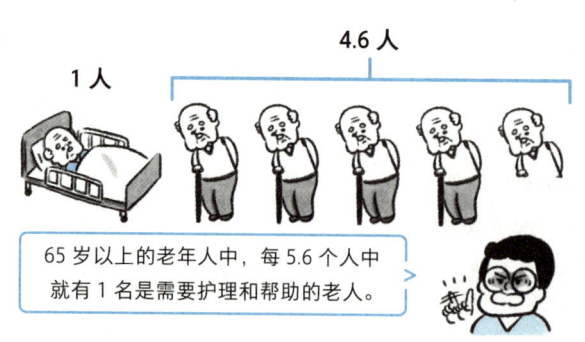

图 ▶ 老年人的护理状况

为了避免出现这种情况，我们每个人都应该掌握最低限度的养生常识。预防自己陷入护理生活的方法其实都非常简单，但知道的人却很少。

事实 1　只要预防衰老就能避免陷入护理生活

导致老年人需要护理的原因主要有两点，一个是"身体的衰弱"，还有一个就是"认知障碍"。如果能够预防这两点，就能大幅降低对护理的担忧。

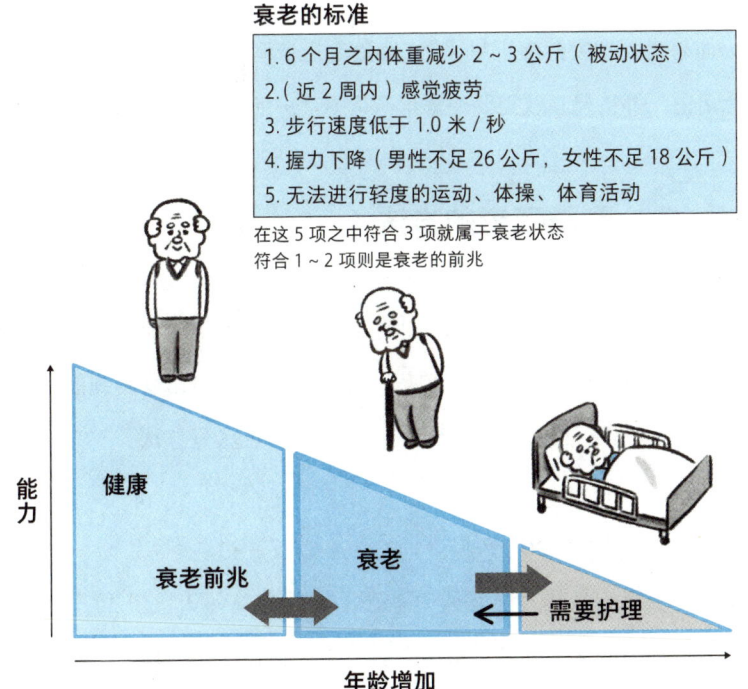

衰老的标准
1. 6个月之内体重减少2~3公斤（被动状态）
2. （近2周内）感觉疲劳
3. 步行速度低于1.0米/秒
4. 握力下降（男性不足26公斤，女性不足18公斤）
5. 无法进行轻度的运动、体操、体育活动

在这5项之中符合3项就属于衰老状态
符合1~2项则是衰老的前兆

《东大的调查结果 不衰老的人的生活习惯》（饭岛胜矢 著）

图 ▶ 什么是衰老

在老年人医疗和护理领域，衰老是备受关注的问题。衰老指的是"因为年龄的增加导致身心衰退的状态"，是介于"健康"与"需要护理"中间的状态。

只要不是重病和受伤，健康人并不会突然陷入需要"坐轮椅"和"卧床不起"的状态。但老年人上了年纪之后，体力和力量都出现衰退，腰部和膝盖出现疾病使老人无法外出，导致老人逐渐进入需要护理的状态。

需要注意的是，衰老其实是一种"可逆的"状态。即便陷入了衰老状态，只要加强运动和复健、积极参加社会活动、正确摄入营养成分，就能够恢复到健康状态。但如果不采取任何措施，就会迅速地进入需要护理的状态。

如果出现"突然瘦了好多""稍微走几步就感觉上气不接下气""不愿意出门"等情况，就需要注意自己是不是出现了衰老的征兆。

行动 1　预防衰老的方法

一旦陷入需要护理的状态，再想恢复到健康状态就非常困难。所以在处于衰老状态的时候就一定要提高警惕，尽快使自己恢复到健康的状态，这就是防止自己"需要护理""卧床不起"的最好办法。

（1）每天运动 20 分钟

预防衰老的最佳方法就是"运动"。只要坚持每天散步 20 分钟，就能极大地预防衰老。在从"衰老"到"需要护理"的过程中，必然要经过"不走路"这一阶段。因此，坚持每天散步 20 分钟对避免卧床不起有非常大的帮助。

但如果劝说老年人"去散散步吧",对方可能会提出"膝盖疼""腰疼""走不动"等各种理由来拒绝。在这种情况下,**千万不能因为"老人太可怜了,还是不要强迫老人家吧"而心软。**也不要因为"万一出门摔骨折了,反而连门都出不了"而因噎废食。

你对老人的宽容其实是在害他。如果运动 20 分钟实在有困难,那至少运动 10 分钟或者 5 分钟,在老人力所能及的范围内坚持运动,这一点非常重要。

(2)均衡饮食、细嚼慢咽

细嚼慢咽能够促进营养吸收,有助于预防衰老,因此非常重要。此外,一日三餐均衡饮食是健康的基础,同时还要摄入充足的蛋白质,蛋白质能够维持人体的肌肉量,防止老人出现摔倒和骨折的情况。

根据针对百岁以上老人进行的"长寿研究"的数据,坚持一日三餐的人占 90% 以上,而且饭量和 70 多岁时几乎没有变化。由此可见,充足的饮食是长寿的秘诀之一。**对老年人来说,"消瘦"是导致衰老的主要原因。**

(3)参加社会活动

陷入衰老状态的人的特征之一就是"极度缺乏社会活动"。没有朋友,也不参加社团活动,很少有机会外出。整天在家里闭门不出,运动量也会大幅减少。

此外,"孤独"也是导致认知障碍的原因之一,**而参与社会活动和与朋友保持联系则能够有效地预防认知障碍。**

参加社团活动、做志愿者、与朋友一起唱卡拉 OK、泡温泉、旅行,只要走出家门，运动量自然会得到提升，而且还能缓解精神压力，预防认知障碍。积极参加社会活动可以说有非常多的好处。

事实 2 骨折是通往"卧床不起"的加急票

前文中虽然提到健康的人不会突然陷入"使用轮椅""卧床不起"的状态，但也有例外，那就是因外伤和骨折而入院的情况。

老年人只要住院 2 周，肌肉量就会减少 1/4。

导致老年人住院治疗的主要原因之一就是"骨折"。老年人由于腰腿部的力量退化，所以稍微有一些高低差都容易摔倒，使腿部出现骨折。如果住院一个月的话，腿部的肌肉量将大幅减少甚至使老人无法直立行走，只能靠轮椅移动甚至卧床不起。

在需要护理的老年人中，有 12.5% 都是因为"骨折、摔倒"。可以说老年人的摔倒导致骨折，是通往卧床不起的加急票。

老人之所以摔倒时很容易出现骨折，是因为存在"骨质疏松"的症状。尤其对女性来说，如果不加以预防，每 3 名女性之中就有 1 名患有骨质疏松症。

大家可以按照前文中介绍过的方法来预防骨质疏松症。此外，运动也具有强化骨骼的效果。

事实 3 预防认知障碍

衰老不仅表现在身体上，还会表现在精神上。"抑郁"和"阿尔茨海默病"也是衰老的表现。

在需要护理的人之中，有 18.7% 是因为"阿尔茨海默病"，所以预防认知障碍非常重要。

"身体"和"精神"任何一方出现问题，都有可能使人陷入需要护理的状况，因此在两方面都加以预防才是万全之策。即便同为"卧床不起"的状态，如果再加上认知障碍的话会使护理的难度增加数倍。因此，对此必须引起重视。有关预防阿尔茨海默病可参照第 327 页的内容。

事实 4　护理不要拼尽全力

可能有人认为"拼尽全力的护理"才是正确的护理方法，但实际上"力所能及的护理"才是最好的护理方法。一般来说，**投入六成的精力在护理上就够了。**

因护理而感到苦恼的人，大多认为"不能休息""不能出去玩"。但这种想法完全是错误的。把精力全都投入到护理上，只会使自己感到枯燥和乏味。

对于护理者来说，**"转换心情""休息"和"娱乐"是必不可少的。**在护理领域有一个叫作"暂休"的概念。也就是说，不仅被护理者，护理者也需要关怀。

白天将被护理者送到看护场所，然后自己与朋友一起去逛街或者唱卡拉 OK，这是完全可以的，不必有任何的"罪恶感"。此外，利用护理保险还可以获得"日常看护""上门护理""短期疗养"等各种服务，请充分利用这些服务来减轻护理者的负担。

私人生活

行动 **2** 护理不是一个人的事

护理之所以使人感到不堪重负，最主要的原因就在于只有一个人承担全部的责任。

"其他家人不帮忙护理"的问题在很多家庭中都十分常见，事实上，**只要其他人能为护理者提供少许的帮助，都可以极大地减轻护理者的压力。**

（1）拜托家人帮忙

如果你自己不提出，是不会有人来主动帮助你的。明确地拜托对方"希望你能帮我分担××"，这样就可以减轻自己的负担。

（2）与其他护理者取得联系

社会上有一个叫作"护理者互助会"的团体，成员们聚在一起边喝茶边聊天，分享自己的经验和体会。加入这个团体，可以使你发现"原来对护理感到辛苦的人不止我一个"，从而减轻心理上的压力。

只要在网络上搜索"居住的地区"和"护理者互助会"这两个关键词，就能找到附近的护理者互助会。或者也可以与当地自治体的"护理咨询"窗口取得联系，寻求对方的帮助。

（3）咨询精神科医生

如果被护理者患有"阿尔茨海默病"的症状，经常会伴随着"走失""夜间失眠、兴奋""暴力"等问题。护理者往往对这些问题束手无策，认为"这是阿尔茨海默病所导致的，没有办法"。

根据我的经验，这些问题大多可以通过药物治疗来加以控制。阿尔茨海默病患者的极端行为都是可以治疗的，所以请咨询精神科医师。

（4）充分利用护理场所

如果在家里护理有困难的话，就必须将需要护理的人送到护理场所。利用护理场所并不意味着抛弃被护理者，而是让被护理者接受更加周到的照顾。既然被护理者在家里享受不到"充分的照顾"，那就只能将他送到专业的护理场所。

但护理场所的名额很难获得，绝大多数情况下都要至少等待半年甚至一年的时间。因此，不能等到感觉"已经到极限了""坚持不下去了"的时候才想起来联系护理场所。最好提前找好护理场所并预约名额，还要和本人（被护理者）沟通，说服对方接受。

希望进一步了解的人

《东大的调查结果　不衰老的人的生活习惯》
（饭岛胜矢 著）

难易度
★

本书对"衰老"的问题进行了非常详细的解说。当你劝说家中的老人"一起出去散步"，却遭到对方拒绝的时候，可以让对方阅读这本书，充分了解"衰老"的危险性，这样对方就会愿意和你一起出去散步了。

第 3 章

从"被动工作"中解脱出来

工作

早日康复

工作加油!

人生得意须尽欢
莫使金樽空对月

生日快乐

祝你减肥成功100米

恭喜发财

我爱你 我想你 我等你

重要的事

情人节快乐

工作 1　解决职场的人际关系

关键词 ▶ 两个比萨原则

我在第一章中已经针对人际关系做了非常详细的说明，在这一节中将主要集中介绍"职场的人际关系"。

某项关于"职场人际关系"的调查表明，有84%的人在职场的人际关系上存在问题。另一项针对跳槽员工的调查结果表明，有53%的人是因为"职场的人际关系而选择跳槽"。

事实 1　几乎所有的职场之中人际关系都不好

我经常听到别人抱怨说："我公司人际关系很差。"反之，几乎从没听到过"我公司的人际关系非常好""再也没有比我公司更和谐的职场环境了"之类的话。

这是为什么呢？答案其实也很简单，因为"几乎所有的职场之中人际关系都不好"。

我到目前为止曾经在十几家医院工作过，但没有一家医院称得上"人际关系非常好"。任何组织都是由几十到几百个性格各异的人组成的，想让组织中的所有人都关系和睦，根本就是不可能的。

大家不妨回忆一下自己的小学、中学以及高中。所有同学都关系很好，没有欺负人的情况，也没人说别人的坏话，这样的班级存在吗？

你认为自己的职场"人际关系险恶"，但其实这是非常普遍的现象。**甚至可以说，"职场的人际关系不好"才是正常的。**

如果因为"职场的人际关系不好"而跳槽，那么无论跳到哪个地方，人际关系都是一样的不好，永远也找不到理想中的职场。在这种情况下，不妨改变一下自己的观念。

行动 1　不要在职场的人际关系上投入太多精力

请大家再回忆一下"人际关系的同心圆"。

在同心圆的最内侧，是"重要的他人"，也就是家人、恋人、挚友。第二层则是普通朋友和远亲。在同心圆的最外侧才是"职场的人际关系"。

也就是说，"职场的人际关系"在心理学的角度上来看并不重要。然而很多人却非常重视"与职场上的人搞好关系"，为了建立起与"朋友"同等级别的亲密度而投入大量的时间和精力。结果导致自己身心俱疲，甚至产生"离开现在的职场"的想法。

"完全不想说话""不想看到对方""被对方陷害是家常便饭"等，除非职场的人际关系已经恶劣到对自己的工作造成影响，否则只要维持最低限度的职场人际关系就足够了。

刚刚步入社会的年轻人很容易受之前的人际关系影响，认为"职场的人际关系"也应该像"高中、大学的同学"和"社团的伙伴"那样，于是想要和职场的同事建立起与"朋友"一样"深厚的友谊"。但实际上这种愿望当然无法实现，结果就会使自己产生烦恼和压力。

职场的人际关系越简单越好。

请扔掉想要与职场的同事"搞好关系"的想法。在职场之中，与搞好关系相比，做好自己的本职工作并保持畅通的交流更加重要。

事实 **2** 团队最多不要超过 8 个人

亚马逊的创始人杰夫·贝佐斯提出了"两个比萨原则"。他认为如果两个比萨不足以喂饱一个项目团队,那么这个团队可能就显得太大了。也就是说,一个团队最合适的人数为 5~8 人,一旦超过 10 个人,就容易出现缺乏沟通、拉帮结派等影响团队合作的问题。

> 人数在 5~8 个人的时候,交流最为紧密。一旦人数超过 10 个人,团队就会出现分裂和问题。

图 ▶ 两个比萨原则

> 如果两个比萨不足以喂饱一个项目团队,那么这个团队可能就显得太大了。
>
> ——杰夫·贝佐斯(亚马逊创始人)

虽然我在前面提到"所有职场的人际关系都不好",但也有例外。如果是 8 人以下的职场,还是能够做到"所有人都关系和谐"。

根据我的经验,如果医师、护士、事务员组成一个只有五六个人的小团队,那么成员之间就能够保持良好的沟通,工作起来也异常顺利。

如果自己所属的团队在 8 人以下,**很容易与团队中的其他人建立起**

亲密关系。但如果人数超过 10 人以上，想要与所有人都搞好关系则是不可能实现的。

正如前文中提到过的那样，肯定有人讨厌你，但同时也肯定有人喜欢你。

即便"整个公司的人际关系非常差"，但只要你所属的小团队人际关系和谐，对你的工作就不会造成任何影响。而这一点是可以通过个人的努力实现的。

行动 2　寻找一个伙伴

职场中有许多令人感到烦恼的事情。在这个时候，如果能有一个可以倾诉的伙伴，就会使自己在精神上轻松许多。

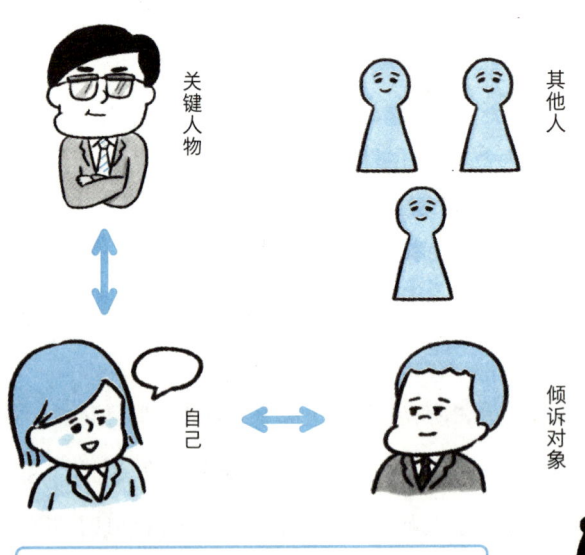

将人际关系的重点集中在关键人物和倾诉对象上

图 ▶ 职场人际关系的战略

对人类来说,"孤独"是最痛苦和难以忍受的。如果在烦恼时没有可以倾诉的对象,只会使压力越来越大,而得不到建议和帮助的走投无路的状态会导致事态进一步恶化。因此,最好在职场之中找到一个能够倾诉的对象,这样就能极大地减轻职场的压力,使你的问题得到解决。

请大家再回忆一下前文中关于"关键人物"的内容。在职场之中,只要将人际关系的重点集中在"关键人物"和"倾诉对象"这两个人上,就能使你的工作进展得更加顺利。

事实 3 你无法融入职场人际关系圈的原因

刚进入某个新职场的时候,很多人都会感觉"自己被排斥在外""无法融入他们的圈子"。

如果除了你之外的其他员工都在一起共事了 5 年、10 年甚至 20 年,那么其中可能有 10 年以上都在同一个部门之中每天一起工作的人。这样的人相互之间关系亲密也是理所当然的。

像这样的人际关系,你作为初来乍到的新人,想要一下子就融入进去根本就是不可能的。因此,刚到一个新职场的时候,即便感到"自己被排斥在外""无法融入他们的圈子",也没必要因此而感到悲观。

行动 3 主动解除戒备

请回忆一下"信赖关系的 5 个步骤"。第一个步骤是"解除戒备"。当你用戒备的目光观察新职场之中的其他同事时,其他同事也同样在用戒备的目光观察你这个"新来的人"。

"这个新来的工作能力怎么样""能作为伙伴给我们提供帮助吗""有没有积极的工作态度""现在的年轻人一言不合就辞职,不知道这家伙是不是也这样"……其他人对你除了"期待"之外,还有"怀疑""恐惧""担忧"等许多复杂的感情。

你能做的,只有主动解除自己的戒备和怀疑,朝着"加深理解"更进一步。

行动 4 在工作中取得成果

想要在职场中取得理解,最简单且最有效的方法就是在工作中取得成果。**职场中的人对你的期待并非"良好的人际关系",而是"是否能够完成工作""是否有认真的工作态度""是否能够尽快成长为可以独当一面的人才,为我们提供帮助"。**

因此,你根本没有时间去抱怨"这个公司的人际关系不好",你应该做的是尽快掌握工作内容,高效地完成自己的工作。这样你就能使人际关系顺利地进入"共鸣"和"信赖"阶段。

那些抱怨"自己无法融入职场人际关系"的人其实是搞错了顺序。**首先你要在工作上取得成果,然后才能赢得其他人的"信赖"。**

希望进一步了解的人

难易度
★

电视剧《下町火箭》——只要共同跨过难关就能成为伙伴!

对职场的人际关系感到烦恼的人,推荐观看池井户润原著的电视剧《下町火箭》。佃航平是以开发火箭引擎为目标的佃制作所的社长。每次面对"关系到公司生死存亡"的危机事件时,佃社长都会与员工们团结一致,战胜危机。

这个电视剧传达的主题就是"只要共同跨过难关就能成为伙伴"。每当发生危机,佃制作所从上到下都会通宵加班解决问题。正是这种共同面对危机的经历,使员工们相互之间建立起深厚的信赖关系,成为"职场之中的伙伴"。虽然也有对社长的意见持反对态度以及无法融入伙伴关系之中的员工,但经过多次的"共渡难关"之后,终于也成了伙伴。

刚入职的员工不可能立刻就与其他老员工建立起伙伴关系。但只要与其他人一起同甘苦、共患难,就一定能够成为得到他人认可的"伙伴"。

工作

工作 2 "工作不快乐"的应对方法

关键词 ▶ **守破离、主动性**

你是否有过"感觉工作不开心,想找机会辞职"的想法?有调查数据表明,大约有一半的人都认为工作不快乐。如果你认为自己现在从事的工作不快乐,也是很正常的。

事实 1 "工作不快乐"是理所当然的事情

"毕业第一年的工作意识调查"结果显示,64.1%的毕业生在工作第一年都产生过"辞职"的念头,如果将年龄限定在20多岁的话,这个数字更是高达77.7%。

入职几年后,认为"这份工作实在是太有趣了。如果能够一辈子都做这份工作的话,就是我最大的幸运"的人恐怕是不存在的吧。

对于新入职的人来说,适应工作环境、建立人际关系、学习工作技能需要花费大量的时间和精力,根本不可能从工作中感觉到"快乐"。

当然,也有人即便在入职第一年也会感觉"掌握了新的技能很有成就感""工资很高,很令人满意",**但绝大多数人感觉到的更多是"辛苦""疲惫"以及"压力"。**

即便是不分年龄层,针对所有在职员工进行的调查,认为工作"不快乐""不喜欢"的人也在一半左右。

我在作为医生工作第3年的时候,也经历过一段地狱般的日子。每天早晨8点半就要到岗上班,晚上10点到11点才能下班。还经常凌晨

3点被叫到医院去出急诊。

无论从事什么职业，都要经历一段掌握工作内容的学习期。

事实 2 理解守破离

大家听说过"守破离"吗？

"守破离"是源于日本的茶道、剑道、艺术等领域的学习态度。现在这种"守破离"的学习态度，已经逐渐发展成为所有领域用来提高学习效率的基本法则。

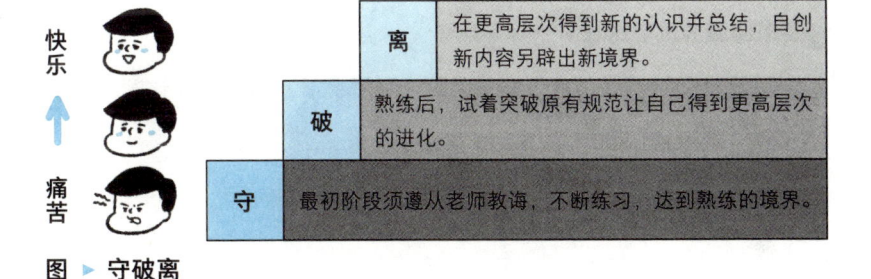

快乐 ↑ 痛苦	离	在更高层次得到新的认识并总结，自创新内容另辟出新境界。
	破	熟练后，试着突破原有规范让自己得到更高层次的进化。
	守	最初阶段须遵从老师教诲，不断练习，达到熟练的境界。

图 ▶ 守破离

"守"指的是遵从形式。向老师学习，并努力掌握基础。

"破"指的是打破形式。在达到熟练的境界之后突破原有的规范。

"离"指的是脱离形式。将自己的理解融会贯通，开创全新的境界。

"守破离"的学习方法也同样适用于公司的工作。

"守"是工作的基本。掌握商务人士的基本技能，按照基本的方法工作，牢记上司和前辈教给自己的经验。

"破"是模仿前辈优秀的工作方法。阅读有关工作方法的书籍，学习上司和前辈没教给自己的知识。尝试挑战新工作和困难的工作。

"离"是将学到的方法进一步展开和应用，开创出自己的工作方式。自己判断，自己做决定。

如果没有掌握工作的基本，即便被委以重任也无法顺利完成。<u>没有掌握工作基本方法的人，不可能以"自己的工作方式"取得成功。</u>因此，严格遵循守→破→离的顺序脚踏实地地学习，才是取得成功的最短距离。

比如一年级新生加入篮球部之后，首先要从折返跑和冲刺的体力训练开始，然后还要练习运球和传球。新生在加入篮球部的第一年连在练习赛中出场的机会都没有。

每天做基础训练非常痛苦，但因为有想要早日进步，在比赛中大放异彩的希望才能坚持下去。在只能每天坚持基础练习的"守"的阶段，没有人会感觉到快乐。

行动 1　尽快结束"守"的阶段

无论是工作、学习还是体育训练，进行基础练习的"守"的阶段都非常枯燥，毫无乐趣。

而进入到"破"和"离"的阶段之后，你就可以根据自己的判断来充分地发挥自己的能力。比如在体育比赛中为己方队伍的胜利做出贡献，在这个时候就会让人感到非常的快乐。<u>也就是说，要想获得快乐的感觉，需要花费很长的时间。</u>

"守"的阶段因企业和职业的不同而各不相同，一般来说熟练掌握基础最少也需要 3 年的时间。像医生这样专业性比较强的职业则需要 5 年。传统工艺的匠人或许需要 10 年以上的时间。

为了尽快获得快乐的感觉，只能努力掌握"基础"的内容，进入下一个阶段。

行动 2 提高主动性让工作变得快乐起来

不过，也有"入职第一年就感到工作很快乐的人"。

"守"指的是"完全按照别人教给自己的去做"。在武术和体育领域，如果没有熟练掌握基础就擅自调整招式和动作的话，肯定会被师傅训斥，但在职场之中，只要掌握了最低限度的基础知识，就可以开始自我摸索和发挥创意。

"遇到不会的问题主动找前辈请教。"
"彻底研究前辈的工作方法。"
"通过阅读商业书籍学习。"
"想象自己将来应该如何开展工作。"

即便在掌握工作基础的过程中，也一定有可以发挥自主性的内容。即便是入职第一年，也应该积极地发挥自己的主观能动性。

"完全按照别人告诉自己的内容去做"属于"奴隶"的行为，这样的工作只是在做"苦力"。但如果在工作中积极地加入"破"的要素，你就能够从工作之中感受到快乐。

"被动工作"是地狱，"主动工作"才是天堂。只要在现在从事的工

```
   守  ·自己的思考      破
       ·自己的创意
       ·创造更多价值
  被动工作    →       主动工作
```

通过在工作中加入自己的思考和创意，能够促使大脑分泌多巴胺，使工作变得充满乐趣！

图 ▶ 将痛苦的工作变快乐的方法

作之中加入自己的想法和创意，你就能够将"不快乐的工作"和"无聊的工作"变得充满乐趣。

事实 3 是否应该辞职的判断标准

大约一半的上班族都认为"工作不快乐"。在这种想法的影响下，很多人会草率地选择辞职，然后在没有掌握任何技能的情况下不断地跳槽，成为"职场难民"。

但确实也有不断地忍受工作中的"痛苦"和"压力"最终导致"抑郁"的人。

那么，判断是否应该辞职的标准究竟是什么呢？或者说应该坚持到什么时候再提出辞职呢？

比如在超市做收银员的工作，应该在彻底掌握了"收银"的工作内容之后再提出辞职。如果刚开始工作一周就因为"职场气氛恶劣"而辞职的话，就无法掌握"收银"的技能。

而坚持 3 个月左右再辞职，至少你已经熟练掌握了"收银"的技能。

这样当你去其他的超市或者便利店打工的时候，就能立即开始熟练地工作。这对你来说是一个很大的优势。

即便是同样的跳槽，一个拥有"基本技能"的人能够成为"即战力"，而没有"基本技能"的人则是只能从零开始学习的"负担"。

如果你对职场中的人际关系实在感到难以忍受，那就将注意力都集中在"掌握基本技能"上。

> 跳槽的目的应该是为了使自己有更进一步的发展。如果因为与上司关系不好，为了逃避而跳槽，是绝对无法取得成功的。
>
> ——原田泳幸（原麦当劳日本公司董事长）

行动 3 坚持过"守"的阶段

如果只是为了逃避"痛苦""枯燥""无聊"的现状而选择跳槽，在接下来的职场之中很可能重复同样的情况。

因为在任何企业、任何职业之中都存在"守"的阶段，而且必然不会使人感到快乐。如果一次也不能坚持过"守"（痛苦）的阶段，**就只能永远在"守"的痛苦之中循环。**

趁着年轻的时候吃点苦，使自己进入到"破"和"离"的阶段，然后再决定是否跳槽，这对你今后的职业发展也有很大的帮助。

> 希望进一步了解的人

《99% 的新人，没用心做好的 50 件事》
（岩濑大辅 著）

难易度 ★

因为"守"的阶段只有痛苦没有快乐，所以应该尽快从"守"的阶段升级到"破"的阶段。那么，对于刚入职的员工来说，应该学习哪些内容，解决哪些问题，才能升级到"破"的阶段呢？本书就将给大家提供解答。

本书面向入职第一年的员工，介绍了包括"应该做的事情""工作的心态""学习的方法"等在内的 50 个具体的方法。书中介绍了"工作中非常重要的 3 个原则"，分别是"安排下来的工作必须完成""只做到 50 分也没关系，应该按时提交""没有无聊的工作"。只要按照这 3 个原则来工作，就能够顺利地完成工作，得到上司的肯定，使工作变得充满乐趣。不仅入职第一年的员工，感觉"工作不顺利""工作不快乐"的人，以及不知道应该如何教育部下的管理者都可以阅读本书。

工作 3　无论如何都想要辞职时的应对方法

关键词 ▶ 跳槽的优点与缺点、过劳死的危险线

每个人选择辞职的原因各不相同，有的人因为"工作不适合自己，所以辞职"，有的人则因为"身体实在坚持不下去，只能辞职"。那么在想要辞职的时候，应该如何进行分析和思考呢？我将从精神科医师的角度为大家提供一些建议。

事实 1　想要辞职的原因是什么

某招聘网站针对用户调查的"辞职原因"结果表明，排在"辞职原因"前5位的分别是"薪水太低""没有成就感""不看好企业的发展前景""人际关系不好""加班太多"。

表 ▶ 辞职原因

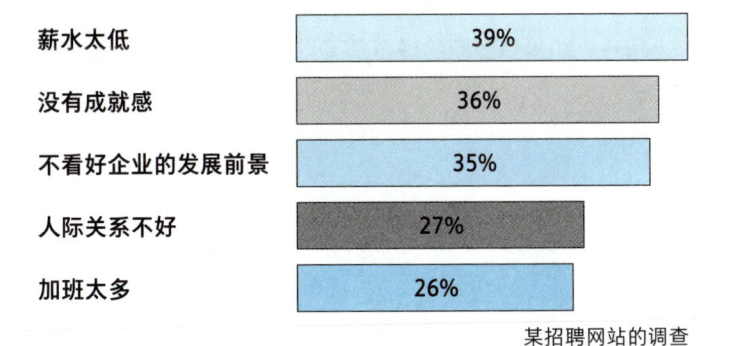

辞职原因	比例
薪水太低	39%
没有成就感	36%
不看好企业的发展前景	35%
人际关系不好	27%
加班太多	26%

某招聘网站的调查

行动 1 自己分析"想要辞职的原因"

首先从自己分析开始。你想要辞职的原因究竟是什么？请写出 3 个辞职的理由。然后思考这些理由是否能够通过你的努力而改变。

比如辞职的理由是"薪水太低"，但如果这份工作有"工作很有成就感""能够提高自己的工作技能"等优点的话，那就应该继续坚持这份工作，考虑通过副业来增加收入。

因为"工作很有成就感""能够提高自己的工作技能"意味着如果你继续努力工作，很有可能被委以重任。

或者如果你提交了转岗申请，做了想做的工作，却可能无法从中获得成就感。

如果辞职的理由是"人际关系不好"，那么正如我在前文中提到过的那样，虽然我们无法改变"他人"，却能够改变"与他人的人际关系"，所以只要换一个角度来思考，就很有可能使人际关系得到极大的改善。

如果辞职的理由是"加班太多"，可以通过提高自己的工作技能来提高工作效率，或许就能够减少加班的时间。

综上所述，**如果你辞职的理由是可以通过努力来改变的，那就应该先试着努力一下**。否则的话，在下一个职场你可能还会遇到同样的问题。

事实 2 辞职难以启齿

根据某项针对辞职原因和交涉的调查，对于"提出辞职的时候，公司方面是否提出挽留"的问题，大约 53.7% 的人回答"有"。

表 ▶ 公司提出挽留时的条件

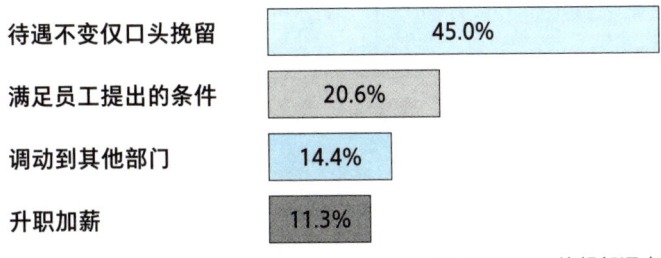

条件	比例
待遇不变仅口头挽留	45.0%
满足员工提出的条件	20.6%
调动到其他部门	14.4%
升职加薪	11.3%

d's JOURNAL 编辑部调查

对于"公司提出挽留时给出的条件"这一问题，45.0% 的人回答"待遇不变仅口头挽留"。而"满足员工提出的条件""调动到其他部门""升职加薪"等其他回答加在一起则占半数以上。

行动 2　事先咨询

根据我做经营者的朋友所说，现在事先不咨询，突然就提出"辞职"的员工似乎越来越多。很多人都表示"我已经决定辞职，不用再挽留了"。

但如果能够在辞职前向公司咨询一下的话，往往能解决很多问题。比如在"工作内容"和"人际关系"上遇到问题，只需要调整一下工作部门就能解决。即便无法立即调整工作岗位，公司方面或许也会给出"明年 4 月调整"的承诺。

似乎很多人都认为"即便向上司咨询也无济于事"，但前面提到的调查结果显示，在向公司提出辞职并得到公司挽留的人之中，有超过一半的人都争取到了更好的待遇和条件。

就算公司没有做出任何挽留、没有给出任何有利的条件，但反正你本来也是打算辞职的，<u>这对你来说没有任何损失</u>。即便得到公司挽留和让步的可能性只有1%,也应该先咨询一下试试。

如果没办法向上司咨询,可以找公司里的前辈咨询。如果不希望让公司知道自己想要辞职,可以找自己的朋友咨询。总之,在做出辞职的决定之前,最好向别人咨询一下。通过咨询,可以对自己所处的状况进行冷静的整理和分析。

此外,还可以询问对方"如果是你的话会怎么做",或许对方能够提出让你意想不到的建议。

在深受人际关系的困扰而犹豫是否应该辞职的时候,因为大脑处于混乱的状态,很容易感情用事做出不理智的判断,等冷静下来之后往往会感到后悔。

通过向他人咨询,站在第三者的视角上对自己所处的状况进行冷静的分析,就能极大程度地降低因为感情用事做出错误判断的风险。

行动 3　向立场完全相反的人咨询

如果只是向"跳槽成功的人"咨询,就会只听到"跳槽的好处",使自己愈发地想要跳槽。

反之,如果只是向"跳槽失败的人"咨询,就会只听到"跳槽的坏处",导致不敢跳槽。

因此,**最好听取"跳槽成功的人"和"跳槽失败的人"双方的意见。**这样就可以全面地了解"跳槽的好处和坏处"以及"跳槽时的注意事项",从而做出正确的判断。

有辞职念头的人,会因为"讨厌现在的工作""希望尽快辞职"而使眼界变得狭窄。辞职随时都可以,因此不必着急,可以先向有经验的人寻求一些意见和建议，慎重地做出选择。

事实 3　长期在恶劣的环境下工作会危及生命

根据日本厚生劳动省每年公布的《预防过劳死白皮书》(2019)的数据，大约六成的劳动者对工作和职场生活存在不安与烦恼，工作量超出国家规定的过劳死危险线的人数为397万人，约占全体劳动者的6.9%。每年有2018人因工作上的原因自杀。

过劳死、过劳自杀的问题与我们每个人都息息相关。如果长期在恶劣的环境下工作，很容易出现过劳死和过劳自杀等危及生命的情况。

表 ▶ 日本厚生劳动省"预防过劳死白皮书"（2019）

因工作和职场生活感到强烈不安、烦恼的人	58.3%
工作量超出国家规定的过劳死危险线的人数	397万人（6.9%）
因职场的"霸凌、骚扰"而咨询的数量	82797次
因工作原因自杀的人	2018人
因违法加班而被查处的事业所	11766个
被认定为不良企业的数量	410家
建筑业现场超出过劳死危险线的劳动者	16.2%
建筑业因精神障碍而自杀的劳动者	约一半
媒体行业因精神障碍而自杀的人	全部为20多岁

行动 4　如果"身体出现问题"就毫不犹豫地辞职

你每个月加班多长时间？每个月加班时间达到80～100小时，就处于"过劳死的危险线"上，如果超过这个危险线的话就很容易过劳死。

虽然每个人"打算辞职"的情况各不相同，无法一概而论地给予建议。但如果你总是被迫长时间加班，精神处于非常疲劳的状态，而且今后也没有任何改善的希望，那最好立即辞职。

长期劳累会增加脑中风和脑出血的风险，即便没有危及生命也会留下半身不遂和语言障碍等后遗症。而一旦患上抑郁症，很多人都会反复发作，导致无法回归社会。

虽然我们都知道"应该在被彻底累垮之前辞职"，**但有些做事认真努力的人，直到真正累垮之后才被迫辞职。**

> 无论你拥有多么优秀的才能，没有健康的身体就无法工作，才能也无处施展。
>
> ——松下幸之助（松下创始人）

在恶劣的工作环境下工作迟早会把自己累垮，所以遇到这样的情况应该毫不犹豫地立即辞职。

希望进一步了解的人

《跳槽圣经》（北野唯我 著）

难易度 ★★

对于不知道"是否应该继续在这家公司干下去""是否应该跳槽"的人，本书提供了全面的思考方法。比如针对"应该为了上司工作还是为了市场工作"这个问题，答案是"应该选择能够提高市场价值的工作方法"。只要明确了这些工作中的标准，当面对是否应该跳槽，应该跳槽到什么企业等问题时，就可以自己做出判断。

工作 4 发现自己"天职"的方法

关键词 ▶ 他人贡献、舒适区

某项关于工作的调查中针对"你是否认为找到适合自己的'天职'对自己更有好处"的问题,有 87.8% 的人回答"认为找到适合自己的'天职'更好"。由此可见,绝大多数的人都能够认识到"天职"的重要性。

事实 1 天职与适职的区别

除了天职之外还有一个类似的词叫作"适职",这两者之间究竟存在着什么样的区别呢?

所谓适职,指的是适合自己个性和能力的职业。而天职,指的是仿佛上天赐予自己的职业。符合自己的"愿景"和"生活方式",使人认为"自己就是为了这项工作而生"的职业就是天职。

如果只是感觉"每天工作都很快乐""喜欢现在的工作内容",却无法从工作中获得"成就感"和"满足感",那说明这只是适职而非天职。

首先找到适职,在积累经验的同时加深自我洞察,然后才能逐渐搞清楚自己适合做什么以及想要做什么。天职并不是立刻就能找到的,而是在不断地摸索中慢慢发现的。

当你发现"自己就是为了这项工作"而生的工作时,你就会在工作中产生"成就感",使工作也变得轻松快乐起来。

为了使人生更加快乐,"找到自己的天职"是非常重要的要素。

事实 **2** 要想找到天职并不容易

我在40岁的时候才发现"以精神科医生的身份向外界传达信息"是自己的天职。在39岁之前，我一直作为精神科的出诊医师在北海道的医院工作。正如前文中提到过的那样，这项工作非常辛苦，压力很大，完全称不上是天职。

后来我意识到与"治疗"相比"预防"更加重要，于是在留学期间，创办了电子刊物"来自芝加哥·电影的精神医学"。3年后，我回到日本，提出"通过传达信息预防精神疾病"的愿景，并且发现利用出版和视频网站等渠道发送信息就是我的天职。

很多人都因为"找不到自己的天职"而感到苦恼，但实际上要想找到天职并不容易。天职并不会从天上掉下来。

反之，有些20多岁的年轻人信心十足地声称"现在的工作就是我的天职"，但实际上却很让人怀疑。因为这些人很多在过了几年之后就换了其他的工作。

因为"找不到自己的天职"而苦恼的人，肯定都在思考"适合自己的职业究竟是什么？""自己想要从事一生的职业是什么"等问题，这种思考能够加深自我洞察，对于找到天职具有非常大的帮助。烦恼于"无法找到天职"而不断试错，是一件非常美妙的事情。

每天都竭尽全力工作的人，根本没有精力去思考"现在的工作是否适合自己"。 因为"找不到自己的天职"而苦恼的人，是正在探求天职和适职的人，只要坚持这种探求，总有一天就能够找到自己的天职。

事实 **3** 找到天职有什么好处

根据马斯洛需求层次理论，人类的需求分为金字塔形的 5 个阶段，而且只有满足了底层的需求之后，人类才会开始追求更上一层的需求。

如果将这个理论套用在工作之中，那么满足"生理需求"和"安全需求"就相当于"为了养家糊口而工作"。在这种情况下，人类根本没有多余的精力去思考工作快不快乐。

其次，满足"社会需求""被认可需求"则相当于"适职"。在这种情况下，这份工作十分让人开心，**人类能够在工作中感受到乐趣，并且能够作为公司的一员得到认可。**当被认可需求得到满足时，人类还会产生继续努力的动力。

但人类还有更高的追求，那就是位于金字塔最顶端的"自我实现需求"。通过实现自己真正想做的事情得到满足感和成就感，这就是"天职"。

从上述角度来看的话，相信大家对天职的概念会有更加深刻的理解。

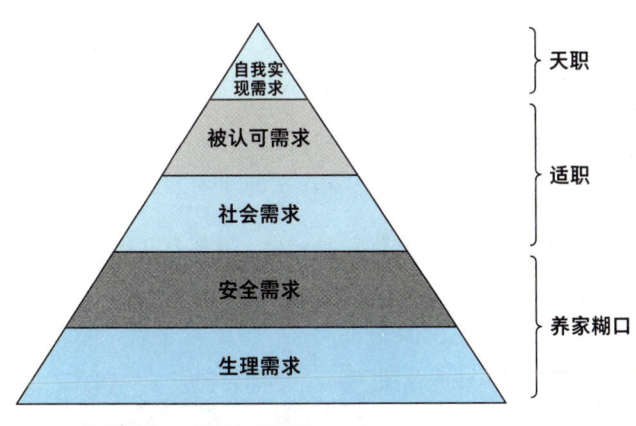

图 ▶ 马斯洛需求层次理论与工作

金字塔从上到下：
- 自我实现需求 } 天职
- 被认可需求
- 社会需求 } 适职
- 安全需求
- 生理需求 } 养家糊口

> 人生中最幸福的事情是什么？是找到自己的天职并且去做。
>
> ——内村鉴三（基督教思想家）

行动 1　发现天职的 3 个问题

为了找到自己的天职，请回答以下 3 个问题。

（1）自己做起来会感到快乐，并且有价值的活动是什么？
（2）自己的优势是什么？能够发挥出过人才能的领域是什么？
（3）上述两个问题的答案能够对社会做出贡献吗？

这 3 个问题可以帮助你找到自己的天职。心理学家阿德勒指出，**工作的本质就是"为他人做贡献"**。要想获得幸福，为共同体的利益做出贡献是必不可少的。能够在自己擅长的领域工作并为共同体做出贡献，那么这个人的工作就是天职。

做起来能够感到快乐和成就感的活动，就是对自己来说"有价值"的活动。通过不断重复有价值的活动，能够增加你在该领域的知识和经验，提高自身的技术，使之成为你的优势。

与从事普通的工作为社会做贡献相比，发挥自己优势的活动能够为社会做出更大的贡献。也就是说，"价值""优势""贡献"三者重叠的部分就是你的天职。

在寻找天职时，请按照"价值→优势→贡献"的顺序进行。

图 ▶ 发现天职的方法

（1）对自己有价值。发现自己喜欢做什么。

（2）自己比他人更擅长什么？发现自己的优势。

（3）通过发挥自己的优势，能够给社会做出怎样的贡献？

只要把握住"价值、优势、贡献"这3个要素，就能更容易找到自己的天职。

行动 2 走出舒适区

大家知道"舒适区"这个概念吗？

每天都要去的活动场所、每天都会见到的人、每天从事的工作……这些都位于你的"舒适区"之内。人类的舒适区，就相当于动物的"领地"。

如果你在"之前做过的工作"，以及"现在正在做的工作"之中没有找到天职，**那就说明你的天职位于你当前的舒适区之外。**你需要去尝试从未体验过的"工作""职业"以及"业务"，去认识"新的人"，熟悉

"新的场所"。

也就是说,如果你不走出舒适区,就很难找到自己的天职。绝大多数人都因为害怕失败而不喜欢挑战。通过走出舒适区面对挑战,你能够发现全新的"价值"和"优势",或者通过挑战使你的优势得到锻炼。

请大胆地走出舒适区,不要畏惧挑战,"失败"也会成为促使你取得成长的宝贵经验。

我将走出舒适区的挑战整理成了一张表,大家可以作为参考。

表 ▶ 发现天职的挑战

1. 阅读其他领域的书籍(了解新知识)
2. 参加其他业种的交流会(从他人处获取信息)
3. 参加学习会、演讲会(了解新的商业领域)
4. 看电影(体验完全不同的人生)
5. 看《情热大陆》《专家的工作方法》(发现新的职业)
6. 挑战"从未做过的工作"(发现自己全新的可能性)
7. 海外旅行(见识没见过的世界)
8. 打工或从事副业(体验不同的行业)
9. 沉迷于喜欢的事情(强化自己的"优势")
10. 寻找导师(发现"渴望成为的自己")
11. 开始学习新事物(发现"价值")
12. 写3行积极日记(发现"价值")

> 希望进一步了解的人

《专业心理咨询师教你寻找天职的方法》
（中越裕史 著）

难易度 ★★

正如标题所写的一样，这是一本专门介绍"寻找天职的方法"的书。"如果不开始行动起来就绝对无法找到天职"，首先行动起来，然后不断地在失败中调整，最终就能发现自己"想做的事"。只需"每天行动5分钟"，就能找到天职。希望找到天职的人，以及对现在的工作不满足却又不知道应该怎么办的人，都可以阅读这本书。

工作 5　"担心被人工智能夺走工作"的应对办法

关键词 ▶ 消极本能、输出工作

"听说 AI（人工智能）会夺走人类的工作，我对此感到非常担心"，"我的职业被归类为'将来会消失的工作'，真让人担心"……近年来，"被 AI 夺走工作"已经成为社会的热门话题，我们应该如何应对呢？

根据明路·翔泳社针对 AI 的社会调查结果，有 52.1% 的人回答"担心 AI 会夺走人们的工作"。但另一方面，也有 68% 的人表示"导入 AI 能够解决人手不足的问题"，还有 67% 的人认为"可以将机械化的工作和危险工作交给 AI 去做"。

由此可见，担心"被 AI 夺走工作的人"和"期待 AI 成为劳动力"的人各占一半。

事实 1　人类喜欢负面新闻

以下两段叙述，你认为哪一个是正确的呢？

"今后 10～20 年间，随着 AI 和机器人技术的进步，许多职业都将消失，许多人都会因此而失去工作。"

"今后 10～20 年间，随着 AI 和机器人技术的进步，会诞生出许多全新的职业，许多人都会从事新的职业。"

这两段叙述都是正确的。虽然"被 AI 夺走工作"的担忧确实存在，但从"AI 解决人手不足的问题""机器人从事体力劳动和危险工作"的角度来看，这样的未来也确实让人充满期待。但很多人往往更容易看到"消极"的一面。

人类普遍存在"消极本能"。**"与事物积极的一面相比，人类更容易关注消极的一面。"**

与"正面新闻"相比，"负面新闻"带来的冲击更大，更容易让人记住。

> 这个世界上既有"不好"的状态，也有"好"的状态。
> 但因为负面新闻更有戏剧性，所以比正面新闻传播得更快更广。
> ——汉斯·罗斯林《事实》

充分理解这句话，可以使我们抑制自己的消极本能，正确地理解世界的现状。

行动 1 同时看到积极的一面和消极的一面

我们每个人都有"消极本能"。因此在看到"负面新闻""负面消息"的时候，应该养成怀疑的习惯。

> 认为"会被 AI 夺走工作"是错误的。
> ——堀江贵文（实业家）
>
> 人工智能并没有强大到能够轻而易举地夺走人类工作的程度。
> ——齐藤康己（京都大学教授）
>
> 认为"AI 会夺走人类的工作"是错误的。
> ——山田诚二（人工智能学会会长）

175

只要上网搜索一下，就会发现许多有识之士都发表过"认为会被AI夺走工作是错误的"之类的言论。

只有读完有关"AI会夺走人类的工作"的文章以及对这种观点进行反驳和否定的文章之后，才能判断哪一种观点是正确的。

从积极的一面来看，随着科学技术的发展，毫无疑问会诞生出许多全新的"职业"和"商业机会"。

本来"职业"自古以来就是在不断地更替的。日本江户时代的"武士""金鱼商人"等职业早已消失不见，而在明治和昭和时期盛极一时的"煤矿业""造船业"现在也已经严重衰退。现有的职业消失，全新的职业诞生，这是千百年来不断重复的事情，根本没有什么好担心的。

不要完全被负面的消息牵着鼻子走，**应该将"积极"和"消极"两方面全都放在天平上，自己做出判断**。此外，要善于利用搜索引擎，均衡地接收"积极"和"消极"的信息，这样就不会产生不必要的担心。

行动 2 三等分阅读法

网络上的信息，许多都缺乏专业性和准确性，甚至还有人出于某种目的故意散布虚假的信息，所以在浏览网络信息的时候必须特别注意。

在对网络信息产生怀疑的时候，请养成"查阅书籍"的习惯。书籍因为有明确的作者，所以至少在内容上有一定的保证。

不过，**如果只阅读一本书，书中的观点可能会有所偏颇**。要想做出准确的判断，我推荐大家采用"三等分阅读法"。

比如关于"AI是否会夺走人类的工作"这个问题，需要分别阅读"AI反对派""AI赞成派"以及"AI中立派"的三本书。

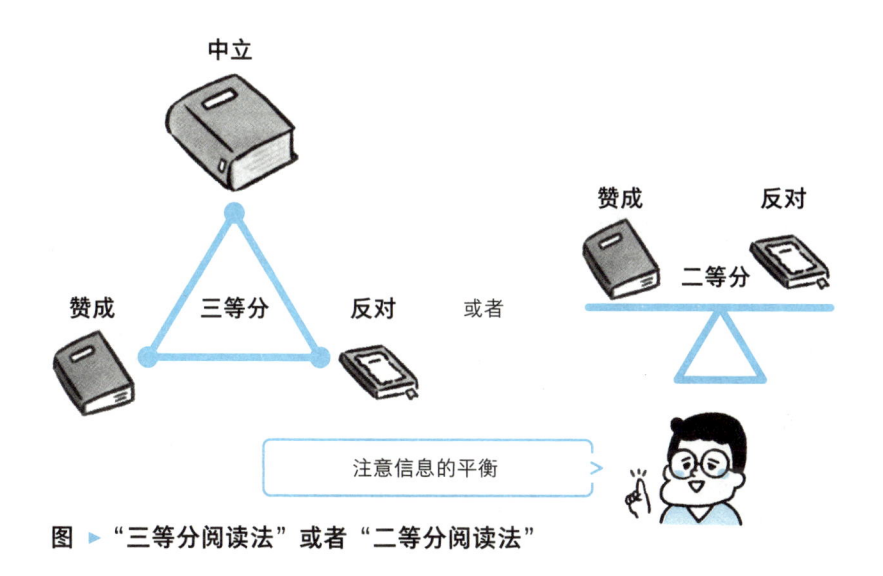

图 ▶ "三等分阅读法"或者"二等分阅读法"

如果实在没有阅读三本书的时间，至少也要阅读两本，分别是"赞成派"和"反对派"的书。这样你就会对问题的正面和负面，好处和坏处都有一定的了解，从而做出更加准确的判断。

行动 3 站在中立的视角上接收信息

很多人在浏览网络上的文章和视频时，往往只关注"标题"和"概要"，而对其他部分则只是"一览而过"。如果被问到"这篇文章都写了些什么内容"，绝大多数人都回答不出，能记住的只有标题。为了避免出现这种情况，需要明确收集信息的方法。

首先要排除先入为主的观点，**站在中立的视角上去接收信息**。很多文章都是标题党，其实正文的内容并没有标题写的那么夸张。

排除先入为主的观点之后，要将文章从头到尾全部读完，视频则要从头到尾全部看完。如果跳着看，可能只会接触到片面的内容，影响你做出正确的判断。

行动 4 做好迎接 AI 时代的准备

虽然对 AI 时代的到来不必过于担心，但今后失业人数会逐渐增加则是毫无疑问的事实。没有人知道现有的职业在今后 10 年、20 年是否还会继续存在。

比如现在需要 20 个人花费 1 周时间才能完成的土木工程，随着机器人技术的进步，在 10 年后可能只需要 10 个人甚至 5 个人、3 个人就能完成。也就是说，随着科技的进步，今后的工作必将会更加省力。

如果不能跟随时代的变化而"进化"，就将被时代所淘汰。无法适应变化的人将成为贫困阶级，而顺利适应变化的人则能够趁着工业革命的良机成为富裕阶级。

我认为"AI 时代最重要的能力"是"输出能力"。**"引发革新的能力""交流能力""共鸣能力""思考能力"，这些都可以被统称为"输出能力"。**

现在的工作可以分为"输入工作"和"输出工作"两大类。"输入工作"就是需要完全按照指示进行的工作。

在工业化最鼎盛的时期，工人必须"正确理解上司的指示并忠实地执行"。

但在"完全按照指示进行工作"这方面，人类完全不是 AI 的对手。只能从事"输入工作"的人，必将逐渐被 AI 所取代。

反之,"输出工作"则需要自己发挥创意、引发革新,实现从无到有的创造。

创意、灵感、革新。AI 要想在这些方面超越人类,恐怕还需要很长的时间。

表 ▶ 两种工作

输入工作	输出工作
被动 等待命令 听从他人的指挥 接收信息 墨守成规 努力 学习	主动 自主性 指挥他人 发送信息 挑战、革新 创造 教育

我们需要从"输入工作"转型到"输出工作"。善于从事"输出工作"的人,能够得到更高的评价和认可,收入也会增加。

> 工作应该以成果,也就是工作的输出为中心。技能、信息以及知识只不过是工具而已。
>
> ——彼得·德鲁克(美国经营学家)

> **希望进一步了解的人**

> **《10年后的工作图鉴》**（堀江贵文、落合阳一 著）
>
> 　　这是针对"AI是否会夺走人类的工作"这一问题给出明确回答的一本书，可以说非常准确地把握了未来发展的趋势。本书的结论是，虽然也有"消失的工作"和"改变的工作"，但也出现了许多"全新的工作"。因此，完全不必感到悲观，反而应该趁着时代的变化把握住绝好的商机。提前做好准备的人，必将迎来光明的未来。

| 工作 6 | 提高工作和学习专注力的方法 |

关键词 ▶ 伏隔核、激励动作、认知失调

"总是迟迟无法开始工作""虽然坐在桌子跟前,却完全无心学习",很多人都有这样的烦恼。坐在桌子跟前却只是无所事事地浪费时间,这是每个人都有过的经历吧。怎么解决这个问题呢?

事实 1　每个人都会遇到这样的问题

如果能够在按下"开关"的一瞬间就立即干劲十足地开始工作和学习,这该多好啊!实际上,在我们的大脑之中确实有一个"干劲的开关"。只不过要想打开这个开关需要花费一些时间。

在我们的大脑之中有一个叫作伏隔核的器官,只要给这个器官一定程度的刺激,就可以使其运转起来,分泌出多巴胺,使人充满干劲。

那么,我们要如何才能让伏隔核兴奋起来呢?**答案是"开始工作(学习)"**。或许有人会说,"我就是因为无法开始工作(学习)才想要打开开关的,这样做岂不是自相矛盾?"但这就是我们大脑的机制,伏隔核

首先让伏隔核兴奋起来,打开干劲的开关!

伏隔核

图 ▶ 干劲的开关

无法立即兴奋起来。

因此，你可以先尝试做一些简单的工作，就像汽车启动前的预热一样，让大脑逐渐地兴奋起来，只需要 5 分钟左右，你就会真正地涌现出"干劲"。

行动 1 利用激励动作来调动大脑

我推荐大家一个方法，那就是站起身高举双手大声说："我现在要开始工作了！噢。"声音越大效果越好。

大家只要亲自尝试一下就会发现，**大声呼喊有提高干劲、增加兴奋度的效果。**这也是世界著名的成功学导师安东尼·罗宾斯常用的方法。大声呼喊能够促进肾上腺素的分泌，而肾上腺素能够提高大脑的兴奋度。

> 身体的动作能够塑造情绪。
> ——安东尼·罗宾斯（世界著名成功学导师）

哈佛大学的身体语言研究者阿米·卡迪教授的研究结果表明，**通过**

激励动作
- 让自己显得更加强壮
- 高举双手
- 挺胸抬头
- 睾酮提高 20%
- 压力荷尔蒙下降 25%

提高干劲和自信，更容易战胜紧张感和压力

图 ▶ 激励动作的神奇效果

做出激励动作，能够增加睾酮、降低压力荷尔蒙，提高人的干劲。

睾酮是与干劲、欲望和挑战性相关的激素。在不能大声喧哗的情况下，保持 1 分钟的激励动作也能起到提高干劲的效果。

行动 2 宣言

如果在公司里不方便大声呼喊，可以小声地对自己说："我现在要开始工作了。"像这样的"宣言"也有非常强大的效果。

美国的心理学家利昂·费斯廷格提出了一个叫作**"认知失调"**的概念，意思是当存在两个互相矛盾的认知时，人类会因此而感到压力，从而想要消除这种认知上的矛盾。

"现在开始工作"的宣言与"并没有开始工作的自己"之间存在矛盾。除非你能够"取消自己刚说过的话"或者"开始工作"，否则矛盾就无法消除。

但要想"取消自己刚说过的话"很难做到，所以就只能开始工作。

在卫生间里经常会见到"请文明使用卫生间、保持环境整洁卫生"的标语，这也是利用"认知失调"效果的例子之一。

宣言可以进行多次，或者将"现在开始工作"写在纸上贴在桌子前面也可以。在你做出宣言的同时，大脑也会随之产生"必须开始行动"的想法。

行动 3 首先从简单的行动开始

但确实有的人无论如何也难以行动起来。对于这样的人，如果一上来就从本来要做的工作或学习开始，会因为难度太高使大脑产生抗拒反应。

因此，首先可以从其他的比较简单的事情开始。请参考下表，从适合自己的行动开始。只要行动起来，很快你就会产生干劲。

表 ▶ 从简单的行动开始

1. 制订计划
每天都从制订"行动清单（行动 list）"开始。下午或夜晚时可以制订"接下来 1 小时要做的事"，按时间段制订计划，可以促使我们的大脑分泌出提高干劲的多巴胺。
2. 书写
书写的动作能够激活大脑，使伏隔核进入兴奋状态。只看不写的话无法激活大脑，所以最好养成书写的习惯，或者用电脑打字等让手部活动起来的动作也可以。用电脑回复 3 封邮件也能打开"干劲的开关"。
3. 听提高干劲的音乐
很多研究表明，在工作的时候听音乐会影响工作效率。但在工作开始之前听自己喜欢的音乐或者有节奏感的音乐，则能够提高干劲。关键在于听完一曲之后立即开始工作（学习）。
4. 远离手机和网络
得克萨斯大学的研究表明，将手机放在桌子上，会导致注意力、认知力和考试分数降低。因此，在工作（学习）的时候请远离手机和网络。如果必须用电脑工作的话也请关闭 Wi-Fi。
5. 做出工作（学习）的样子
即便没有真正工作也可以，总之坐在桌子前打开电脑，做出工作（学习）的样子。哪怕没有干劲，也要坐在桌子跟前，让身体做好准备。只要坚持这个样子 5 分钟，就会逐渐产生干劲。
6. 找到自己的方法
将上述 5 个行动任意组合，找出自己的方法。每天在行动开始之前举行同样的"仪式"，就可以顺利地开始工作（学习）。

行动 4 "睡觉"是最后的手段

无法写"行动清单（行动 list）"、无法"回复邮件"，甚至连"假装工作的样子"都做不到。如果出现这种"完全无法工作"的情况，说明你的大脑已经处于极度疲劳的状态。任由这种状态发展下去，很有可能使你患上"抑郁症"。

这种情况是由睡眠不足、运动不足、压力过度积累造成的。首先要保证最少 6 小时以上的睡眠，然后努力减轻压力，还要调整自己的生活习惯，保证每周运动 150 分钟以上。

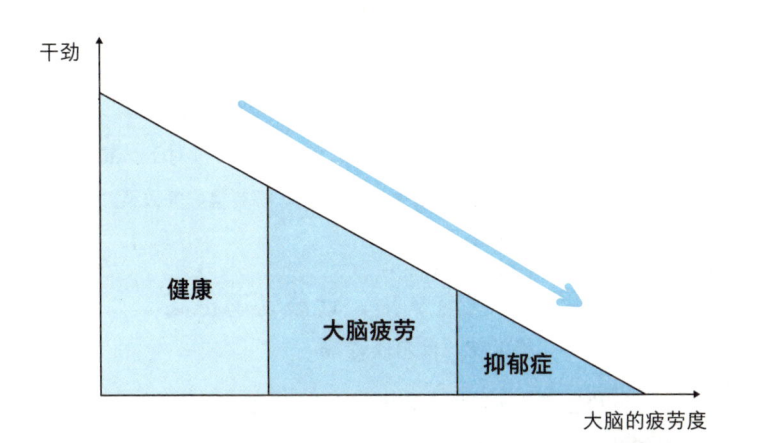

如果大脑过于疲劳的话，干劲也会直线下降

图 ▶ 大脑疲劳

睡眠不足会使大脑的疲劳不断累积，导致干劲和专注力下降，无法发挥出自己的正常水平。

在睡眠不足导致的大脑疲劳状态下，任何人都无法拿出全部的干劲。因此，首先要保证睡眠时间，尽可能地使疲劳得到恢复。

> **希望进一步了解的人**

《5秒法则——简单粗暴克服拖延症，夺回对你自己的控制权》（梅尔·罗宾斯 著）

难易度 ★

本书是在美国售出超过100万册的超级畅销书，作者梅尔·罗宾斯拥有律师、CNN评论员、电视主持人、作家、演讲家等多重身份。

本书之中介绍的"5秒规则"非常简单的同时又非常有效。当你想要做某件事的时候，只需要倒数"5、4、3、2、1，GO！"即可。早晨要起床的时候先倒数"5、4、3、2、1"，然后随着"GO！"的一声大喊从床上坐起来。利用这个5秒规则，不但可以让你立即行动起来，还可以使你战胜心中的恐惧，充满勇气与自信。这个方法对于"戒酒""减肥""治疗拖延症""治疗依赖症和抑郁症"等都有很好的效果。

《高效达成目标：就这9招，让成功率提高3倍！》（海蒂·格兰特·霍尔沃森 著）

难易度 ★★

本书是由在哥伦比亚大学教授动机心理学的社会心理学家整理的最正确的达成目标的方法。通过将目标细分化，明确"什么时候""做什么"，就能够将目标的实现率提高2~3倍。即便现在做不到，只要坚信"自己早晚能够做到"，就可以大幅提升自己的能力。只要知道"即便失败也没关系"，就能够大幅降低失败的概率……只要稍微改变一下"思考方法"就能够更快地达成目标。

工作 7 "记不住工作内容"的应对方法

关键词 ▶ **左耳进右耳出**

感觉自己"工作总也记不住""与其他同事相比工作能力差"的人,并不是工作态度不端正,而是工作方法不对。

只要坚持"改善工作方法""牢记安排的任务""通过询问和确认来避免出错"这三点,就能避免工作中出现错误。接下来我就将为大家介绍"成为工作能手"的方法。

事实 1 工作记不住的原因在于倾听的方法不对

我在医院给患者开药的时候,需要对药物的服用方法和副作用进行说明,当我说完之后询问患者"听明白了吗",对方的回答都是"听明白了"。但如果我继续追问"那请将记住的内容再复述一遍",几乎所有的患者都会默不作声。

绝大多数人看起来似乎在听对方说话,但实际上并没有听。这种状况被称为"左耳进右耳出"。即便在同一个时间、同一个地点、听同一段内容,有的人能够记住,有的人则记不住(左耳进右耳出)。

能够记住的人才能不断地取得成长,而记不住的人则难以取得成长。比如你的上司或前辈对你进行工作上的指导,其中包括5个重点,但你只理解了其中的3个,接下来无论你多么努力都只能完成3/5的工作。虽然倾听属于"信息输入",但绝大多数人在倾听的时候并没有将信息输入进大脑里面。一旦对方要求"把我说过的话再重复一遍",自己却做不到的话，就说明处于无效的输入状态（左耳进右耳出）。

真正有效的输入，是信息进入大脑并被保存起来。当信息输入并被保存起来之后，我们才能重复听到的内容，并且对他人进行说明。这也会使我们得到飞跃性的成长。

在职场中记不住工作内容的人，都是因为"左耳进右耳出"，而在职场中工作能力优秀的人，则都做到了真正有效的输入。

图 ▶ 工作能力优秀的人

行动 1 做笔记、"100% 记忆"

上司的指示和指导必须"100% 记忆"。因为没有记住的内容是无法执行的，所以首先要做的事情就是提高"记忆的准确度"。

为了防止"左耳进右耳出"，提高"记忆的准确度"，应该怎么做才好呢？

答案其实非常简单，那就是"做笔记"。将对方说的内容逐一地记录下来。这样就既不会在倾听的时候出现"遗漏"，也不会在事后出现"想不起来"的情况。

耐人寻味的是，越是"左耳进右耳出"的人越没有做笔记的习惯。

以我对患者说明药物的情况为例，能够将主要内容重复出来的人在 5 人中只有 1 个人，就是做笔记的那个人。

我到目前为止还没遇到过仅凭记忆就能将要点全部复述出来的人。可能有人认为"工作能力强的人根本不需要做笔记"，但这种想法其实是错误的，越是"工作能力强的人"，越是在谁都没有注意到的时候悄悄地做笔记，将重要内容整理在笔记本上。

全部听完之后一边回忆一边将信息写出来是高级技巧，"左耳进右耳出"水平的人还是老老实实地拿出笔记本，以"100% 记忆"为目标，边听边做笔记吧。

此外，如果有余力的话，最好整理一份"工作笔记"。**人类的记忆在没有输出的情况下只能存留 2～4 周。**你的上司和前辈热情地为你说明"工作方法"，如果你只是单纯地"听"而没有用笔记下来，那么大约 1 个月之后就会忘记。

这并不是因为你脑子比别人笨，而是记忆在没有输出的情况下无法永久保留，这是人类大脑的机制。因此，如果只是"听"的话，无论你听得多么认真也无法永远记住。

"100% 听取他人的指示"只是掌握工作的第一阶段，"将他人的指示 100% 记录下来"才是掌握工作的第二阶段。

行动 2　不要说"我明白了"

当上司对你做出指示，并且问你"明白了吗"的时候，你是否会条件反射地回答"我明白了"？这样做其实是不对的。

正如我前文中提到过的那样,当我说明完药物的服用方法和注意事项之后询问"明白了吗"的时候,所有的患者都会回答"明白了",但实际上能够重复我说明内容的人只有 1/5。绝大多数人明明并没有听明白,却还是回答"听明白了"。

如果有不明白的地方和不确定的内容,最好当场问个清楚。

比如上司对你提出指示的时候,最好在上司说完之后立即确认不明白的地方。要是过了 3 天才去询问,肯定会被上司训斥:"这 3 天你都干什么了。"

在接受指示和命令之后,绝对不能有不明白的地方和不确定的内容。 假设在 100% 理解的情况下,能够达到 80% 的完成度,那么工作的成果就是 80 分。但如果理解了 60%,就只能取得 48 分的工作成果。因此,"最初的理解"一定要尽可能地接近 100%。

要是感觉"询问"说不出口,也可以"确认"。当场重复对方说过的主要内容,然后确认"是这样吗"。如果你重复的内容有遗漏和错误,对方一定会给你指出来的。

许多人都会在并没有"明白"的情况下回答"我明白了"。但如果你回答"我明白了",对方就不会再继续对你说明,使你错过得到指导的机会。

结果,"不确定"和"不明白"的地方就越来越多,使自己陷入不知应该怎么做才好的状态。而这种状态会导致"工作难以完成"。

> 对于马上就回答"我明白了"的人,不要去追究他是否真的明白了。
>
> ——小早川隆景(战国时代的智将)

利用"询问"和"确认"彻底消除"不确定"和"不明白"的内容。

或许对方会说"你怎么连这都不知道啊",但这只不过是"一时之耻"。如果对不确定和不明白的内容置之不理,会使你难以掌握工作内容,阻碍你的成长,最后成为"沉重的负担",这才是"一世之耻"。

我明白了

当时显得很有面子

不明白的内容不断积累 → 成长陷入停滞

图 ▶ 不要立即回答"我明白了"

行动 3 100% 执行他人的指示

"100% 执行他人的指示"是掌握工作的第三阶段。

完全按照指示行动,属于守破离的"守",是工作的基本。或许有人认为"将他人的指示 100% 执行"是不可能做到的,但实际上"口头指示的内容"只不过是"最低限度的工作内容"。

即便你 100% 执行了他人的指示,也只能得到 70~80 分的评价。因为在上司和前辈看来,"完成指示的内容是理所当然的"。

"100% 执行他人的指示",只不过是完成了"最低限度的工作内容",只能得到"最低的评价"。可能你觉得"我明明完成了 80%,却没有得到应有的评价",但上司却会认为,"竟然只完成了 80%,真是个没用的家伙"。

因为"他人的指示"只不过是"最低水准""及格线",所以即便

100%地执行，也只能拿到70分或80分。

但只有在能够100%地完成他人的指示之后，你才算是真正地掌握了他人指示的内容，达到了"掌握一项工作"的状态。

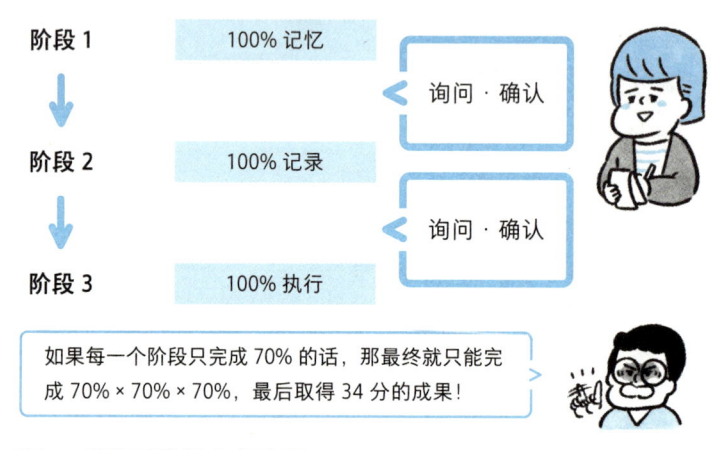

```
阶段1    100% 记忆     ←─ 询问·确认
  ↓
阶段2    100% 记录     ←─ 询问·确认
  ↓
阶段3    100% 执行
```

如果每一个阶段只完成70%的话，那最终就只能完成70%×70%×70%，最后取得34分的成果！

图 ▶ 掌握工作的3个阶段

通过这3个阶段，可以使你的工作方法得到根本的改善，使你的工作效率得到飞跃性的提升，加快你取得成长的速度。

"100%记忆""100%记录""100%执行"，三者相乘的结果是100分，但如果"80%记忆""80%记录""80%执行"，三者相乘的结果就只有51分。"70%记忆""70%记录""70%执行"的话，只能取得34分的结果。因此，提高"记忆""记录"以及"执行"的准确度，是迅速掌握工作的秘诀。

行动 4 让部下顺利掌握工作的方法

如果你的部下总是记不住工作内容，不妨将"掌握工作内容的3个阶段"直接套用在部下身上试试。

让部下在听取指示的时候做笔记,重复你说过的内容。主动向部下询问和确认工作的进展情况,督促其将工作的完成度达到100%。这样就可以使部下的工作能力得到极大的提升。

希望进一步了解的人

《笔记的魔力》(前田裕二 著)

难易度 ★★

对于记不住工作内容的人来说,笔记是很好的帮手。

但将笔记作为"备忘录"来使用,只不过是笔记的"基本功能"。本书还为大家介绍了"碎片信息整理术"以及"抽象分析"等方法。抽象分析的能力是"最本质的思考能力"。通过抽象化,可以将碎片化的信息转化为能够被应用于工作之中的"启发"和"创意"。只要熟练地掌握了笔记术,不但能够圆满完成他人指示的工作,还能够在工作之中加入自己的思考、创意和附加价值。

工作 8　"评价过低""无法升职"的应对方法

关键词 ▶ 超出平均分效应

根据某项针对"中小企业人事评价的烦恼与课题"的调查，有50.6%的人认为"现在的公司对自己的评价过低"。由此可见，有大约一半的普通员工都认为自己的价值被低估了。

"不被委以重任""得不到正确的评价""无法升职"……很多人都有这样的烦恼吧。如果能够被委以重任，得到上司和社长的好评，比同期入职的其他同事更早出人头地的话，自己一定会更加有干劲。

要是能够顺利地实现上述目标，那你的工作一定会从"痛苦""无聊"变成"快乐""有趣"。

行动 1　认真进行自我分析

你是否仔细地分析过自己的状况？绝大多数人都在没有认真分析状况的情况下，就被"和我同期入职的人都升职了，真不甘心""我是个没用的家伙""上司完全不理解我"等负面的感情所支配，使思考陷入停滞。

通过分析状况，发现解决办法并且执行，只有这样才能使自己取得成长。如果被负面的感情影响，无法冷静地对自己进行分析，就无法找到正确的应对方法。结果只能一直陷于停滞不前的状态，不断地被后辈超越。

摆脱自己的"负面感情"，冷静地进行自我观察非常重要。

你可以试着将自己在职场得不到应有评价的原因写出来，然后逐一思考解决方法。

不要一味地消沉、失落

思考你为什么得不到应有的评价

思考相应的解决办法

图 ▶ 正确反馈

事实 1　能力越低的人对自己的评价越高

自我评价与实际的能力之间，往往存在巨大的偏差。有许多心理实验都证明了这一点。

- 测试学生的幽默程度，同时让学生对自己的幽默程度进行评价，结果测试分数在 25% 以下的人都认为自己属于"60% 以上"。
- 让参与者评价自己的社交能力，回答"在前 10% 以内"的人有 60%，还有 25% 的人回答"在前 1% 以内"。
- 70% 的学生认为自己拥有高于平均水平的领导能力。
- 85% 的学生认为自己拥有高于平均水平的驾驶技术。
- 94% 的大学教授认为自己拥有高于平均水平的工作能力。

由此可见，当让人对自己的能力进行评价时，70%~90% 的人都会给出高于平均水平的评价，甚至还有 25% 的人认为自己属于"最顶尖的 1%"。

这在心理学上被称为"**超出平均分效应**"。**在"自我评价"与"他人评价"之间，大约存在 20 分的偏差**。即便你对自己的工作给出"100 分"

的评价，但在上司眼中看来只有"80分"。之所以许多人都认为"自己没有得到应有的评价"，就是因为受到这一心理效应的影响。

因此，有必要冷静地思考一下自己对自己的评价是否准确。

> 他人的标准和自己的标准是不同的。
>
> ——相田光雄（诗人）

事实 2 你得不到认可的原因是"实力不足"

你之所以在公司内得不到上司的认可，完全是因为"实力不足"。你过高地估计了自己的能力。

如果你拥有真正强大的实力，顺利地完成了工作并且取得了令人瞩目的成果，那你肯定会得到上司的认可。

你可能认为"自己的工作没有得到认可"，**但实际情况是你的工作成果并没有达到能够得到认可的程度。**

"实力不足"如果换个说法就是"努力不足""自我成长不足"。正如前文中提到过的那样，"自我评价"与"他人评价"之间存在巨大的差异。

也就是说，如果你能够再取得"20分的成长"，就可以使"自我评价"与"他人评价"相一致。你需要做的，就是再多努力20分，再多成长20分。

100 分！　　80 分

20

100　　80

自我评价与他人评价之间存在巨大的差异！

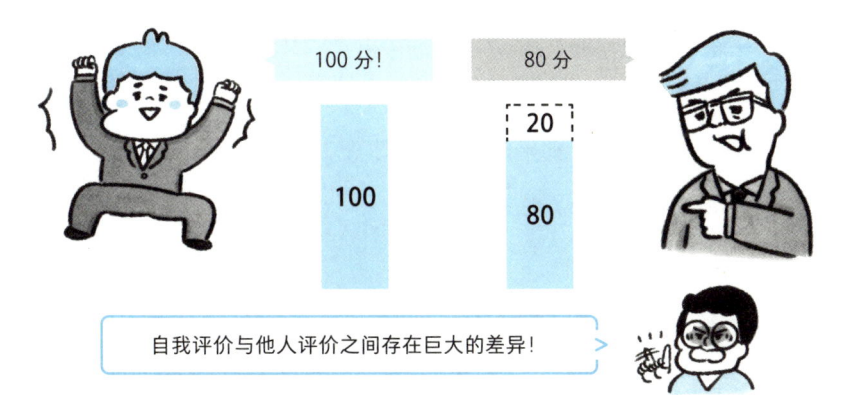

图 ▶ 自我评价与他人评价

事实 3 "自己的努力"还不够

你为了能够顺利地完成自己的工作，都付出了怎样的努力？

"认真学习前辈和上司教导我的内容，并严格执行。"
"完全按照培训时学过的内容工作。"
"掌握公司内部的工作手册，并按照手册上的方法工作。"

很多人都是像这样"按照他人的指示进行工作"。可能自己觉得自己已经很努力了，但实际上这与"没有付出任何努力"完全没什么两样。

因为工作手册上的内容并不是"这样就能做到完美"的最高标准，而是"至少应该做到这种程度"的最低标准。

而上司和前辈教导的内容以及公司内部的培训，也全都是作为一名企业员工应该掌握的最低标准。

也就是说，**如果你完全按照工作手册、上司和前辈的教导以及培训**

内容来做，最多也只能拿到"70分"而已。

工作手册、内部培训以及日常指导，只不过是为了让员工能够掌握最低限度的工作能力。如果你周围的同事在工作上的表现都比你更加优秀，说明他们自己付出了更多的努力。

行动 2 加强自我努力

"按照他人的指示进行工作"只能达到最低标准。因为所有的员工都掌握了一样的内容，无论你在这些内容上多么努力，也只能做到和大家一样的成绩，无法和其他人拉开差距。

完全按照他人的指示进行工作就和机器人没什么区别。

公司需要的是能够自主思考、自主行动，能够取得比指示的内容更高品质的成果的员工，也就是能够带来"附加价值"的员工。

100分的工作取得100分的成果是员工理所当然的职责。100分的工作取得120分的成果，这样的员工才能得到公司的好评。

为了做到这一点，只能加强自我努力。

自我努力指的是学习工作的方法，提高工作的能力。会话能力、书写能力、沟通能力、笔记能力……公司并不会特意对员工进行这些能力的培训，只能靠员工自己学习。

掌握了这些工作所需的能力，就可以提高自己的工作效率，进一步提高工作的品质。

表 ▶ "按照他人的指示进行工作"和"自我努力"的区别

按照他人的指示进行工作	自我努力
特征 · 对当前的业务有用 · 最低限度的知识 · 紧急 · 理所当然应该完成的内容	特征 · 对所有的业务都有用 · 更广泛的知识 · 不紧急 · 容易被延后
具体内容 · 工作手册 · 公司培训 · 上司与前辈的指导	具体内容 · 工作方法 · 沟通方法 · 参加读书会、学习会、演讲会等
（理所当然的内容）不会得到好评	（超额完成任务）得到好评

某关于日本人阅读量的调查结果表明，一本书也没读过的人占全体日本人的47.5%。也就是说，大约每两个日本人之中就有一个人完全不读书。但学习的基本就是"阅读"。

比你更早得到升职机会的人，很有可能将通勤的时间作为"自我努力"的时间，每天都坚持努力，从而实现自我成长。

1天2小时、1周10小时、一个月40小时、1年480小时、3年就是1440小时，如果你的竞争对手在自我成长上投入这么多的时间，而你却将同样的时间用在玩手机游戏、看电视、浏览社交网站上，那么被对方拉开差距也是理所当然的。

如果只看在职场上的工作表现，你可能与他人相比并不逊色。但比你得到更高评价的人，一定在"自我努力"上投入了更多的时间。

只要坚持不懈地努力学习，周围的人必然能够发现你的成长和表现，从而对你做出正确的评价。

尽量少看手机、少玩游戏、少看电视，将时间用在"自我努力"上，只要坚持几个月，上司和同事对你的评价就会有所改变。

希望进一步了解的人

《东大教授推荐的自学方法》（柳川范之 著）

难易度 ★

当你向上司提出问题时，上司或许会说："这种事情自己去想。"但要是你不知道应该按照什么顺序进行调查、应该怎样进行思考的话，该怎么办呢？即便想要"自己调查""自己思考"，但很多人并不知道"自学"的方法。本书就是教你如何不依赖他人的力量独自学习，独自解决问题。从设定主题到收集资料、书籍的阅读方法、笔记的使用方法、成果的输出方法等，本书介绍了许多自学的基本方法。凭借自学成为东大教授的作者根据亲身经验整理出来的方法论，非常通俗易懂，很适合成年人自我提升。

工作 9 从事一项"副业"

关键词 ▶ 网络副业、从 1000 日元开始

虽然现在开始从事副业的人越来越多,但目前允许员工从事副业的企业却非常少。不过,据说今后准备解除对员工从事副业限制的企业已经达到 39.1%,因此未来十分值得我们期待。

事实 1 从事副业是大势所趋

近年来日本的"副业热"与"劳动方法改革"也有一定的关系。

受"劳动方法改革"的影响,日本的厚生劳动省在 2019 年 3 月提出的新型就业规则中规定,"劳动者在工作时间之外可以从事其他企业的业务"。这实际上就相当于官方解除了对从事副业的限制。

直到 2020 年,日本还有大约七成的企业规定员工禁止从事副业。但受政策的影响,今后解除副业限制的企业应该会越来越多。因此,现在大家就应该提前做好准备,对自己绝对是只有好处没有坏处。

此外,日本金融厅在 2019 年 6 月公布的报告指出日本的人均养老金缺口高达 2000 万日元,引发了社会各界广泛的讨论。

目前日本人均养老金每个月都有 5 万日元的赤字,假设一个人从 65 岁开始领取养老金一直到 95 岁,那么总共的养老金缺口就是"2000 万日元"。

如果立即让你拿出"2000 万日元的存款",或许并不现实,但如果能够保证每个月通过副业收入 4 万日元,那么即便你没有存款也能安享

晚年。

从这个角度来看，从事副业是我们每个人都将面对的问题。在退休之前必须让副业一定程度地走上正轨。

事实 2 从事副业的优点

从事副业除了"赚钱"之外，还有另外一个重要的意义，那就是找到自己的"人生价值"。

正如前文中提到过的那样，如果能够找到天职那当然再好不过，但即便本职工作只是为了养家糊口，通过副业找到天职，也可以实现自己的人生价值。

被认可需求和自我实现需求是非常高层次的需求，但在现实世界之中，能够得到他人认可的机会并不多。

副业是增加获得认可的机会的最佳工具。凭借自己的能力和网络，获得顾客，提供商品和服务。

因为自己的努力会直接以成果的形式表现出来，所以能够使人获得极大的满足感。

事实 3 从事什么样的副业比较好

那么，应该从事什么样的副业比较好呢？我的建议是"从事与互联网相关的副业"。具体的好处如下表所示。

反之，不推荐的副业是利用本职工作之外的时间和休息日在餐饮店或便利店打工。这类"以时间换金钱"的副业会加速疲劳的积累，导致

表 ▶ 互联网副业的好处

（1）能够充分发挥杠杆效应
（2）不受"时间"和"地点"的约束
（3）走上正轨之后即便放着也能有收入
（4）几乎不需要初期投资和固定成本
（5）身体疲劳较少
（6）也适合老年人

睡眠不足，对本职工作造成影响。

在从事副业的时候应该选择能够充分发挥"杠杆效应"的副业。当前的努力在今后能够获得数倍回报的副业是最佳的选择。

比如运营博客，即便每次写博客的时间都是相同的，但只要浏览数变成10倍，你的收入也会变成10倍。即便在你没有更新博客的日子里，只要浏览数持续增加，你仍然会获得收入。

综上所述，副业不应该选择"以时间换金钱"的副业，而应该选择在任何时间任何地点都能够从事的"互联网副业"。

行动 1 总之先尝试一下

即便我在这里推荐"应该开始副业""最好从事互联网副业"，但实际会采取行动的人恐怕很少吧。

因为很多人都认为"不可能那么容易就会赚到钱"。**但实际上，只要认真地采取行动，任何人都能够"通过副业赚取几万日元的收入"。**

比如最简单的"互联网副业"就是利用"Mercari"（日本一个类似于闲鱼的二手交易平台）卖东西。将家里不用的东西拿到网上卖掉换取零花钱。熟练使用这个平台之后，还可以采购一些销量比较好的东西放上去倒卖。甚至有的人在注册第一天就卖出了商品。

根据 Mercari 官方公布的数据，2018 年该平台用户的平均月销售额为 1.7348 万日元。Mercari 的用户数量大约为 250 万人，平均每个人每个月都能赚到 1～2 万日元的零花钱。看到这个数据你有没有心动呢？

其中最赚钱的用户群体竟然是 60 多岁的男性，平均每个月能赚到 3.196 万日元。也就是说这些男性在退休之后每个月仅从 Mercari 上就能赚到 3 万日元的零花钱。

总之，只要有自己感兴趣的副业就小规模地尝试一下。只有先从"0"到"1"，然后才能从"1"到"10"。

行动 2　从赚"1000 日元"开始

首先给自己定一个小目标，切实地体验一下成功的喜悦非常重要。从"通过网络赚取 1000 日元"开始，1000 日元这个金额大约相当于打工一小时的收入。

成功地通过互联网赚取 1000 日元之后，接下来就是 5000 日元、1 万日元、3 万日元……逐渐提高目标。**当你发现"原来这么容易就能赚到钱"之后，会更有干劲，愈发地沉浸在副业的喜悦之中。**

事实 4　"禁止副业"的应对方法

想要从事副业的人可以先看一看自己企业的就业规则，找到其中关于"副业规定"的描述，有些企业虽然禁止员工从事副业，但也有只要员工提交申请就可以允许的例外情况。我认识的一位公立高中的教师就在提交了申请之后得到校方的允许可以在全国范围内进行演讲活动。

而且，即便公司禁止员工从事副业，但在 Mercari 上将家中闲置不用的东西卖掉，每个月赚 2～3 万日元，应该不至于被公司解雇。

只有在"对公司的业务产生影响""影响公司声誉""为同行竞争对手工作"等情况下，才可能遭到企业的处罚。

比如为了做副业每天都忙到很晚，导致睡眠不足白天在公司睡觉，或者上班时间经常通过手机查看销售情况等，只要不太过分，就不会有受到处罚和解雇的风险。

事实上，因为从事副业而遭到处罚的情况，每年大约有 30～50 例，而且大多是因为纳税额太高或者被其他人告密才被发现的。

也有因为从事副业而遭到解雇的情况，但都是长时间从事副业，严重影响本职工作，以及为同行竞争对手工作等非常极端的情况。

一般情况下，刚开始从事副业不可能赚很多的钱。通过副业赚取几万日元的收入我觉得没什么问题（但我只是提供一个建议，如果读者实在担心的话还是不要轻易尝试为好）。

此外，公务员从事副业在法律上是禁止的。不过投资不动产、股票和证券等投资行为一般不会被追究。

行动 3 从副业到创业

开始从事副业之后，最初可能只有几万日元的收入，但如果副业发展壮大，就可以考虑自己创业。

按照"副业→个体经营→成立公司"的步骤稳步发展，不但可以增加收入而且还没有什么风险。

从副业到个体经营的阶段，可以将自己家当作事务所，这样不必投入固定成本，能够将风险降到最低。一般来说，如果年收入超过1000万日元，那么成立公司可以降低纳税额，比个体经营有更大的好处。而年收入在1000万日元以下的话，只要保持个体经营就足够了。

许多人都认为"创业风险太大"，但如果先从个体经营这种风险较小的形式开始，就能极大地降低创业的难度。

当你通过从事副业而开始展望未来的时候，对待本职工作的态度也会发生转变。

为了掌握可能对将来的创业有所帮助的技能，你会站在不同的角度审视自己的工作，而且视线也会从员工的角度转变为经营者的角度，这将使你发现许多之前没有注意到的内容，学到更多的经验。

你将从完全听从别人指示的输入型工作，转变为自己思考自己行动的输出型工作。

2020年以后，受"新冠"疫情影响，破产企业和失业者的数量肯定会增加。今后是考验个人在离开企业之后是否还能够"赚钱"的时代。千万不能因为"现在有稳定的工作"而掉以轻心，要早做准备、未雨绸缪。

希望进一步了解的人

《最通俗易懂的开展副业的方法》（成美堂出版编辑部 编著）

难易度 ★

关于副业的书数不胜数，但对于毫无经验的人来说，这本书是最通俗易懂的。本书通过大量的图解和表格，使读者能够直观地理解书中的内容。而且本书从副业的基本、寻找副业的方法、选择的方法到禁止副业规定的问题和纳税等方方面面都有非常全面的介绍，只要阅读这一本书，就能解答你对副业的所有问题。

《跳槽与副业的乘算　将收入最大化的方法》（moto 著）

难易度 ★★

即便有人建议"要想成为有钱人就请创业吧"，很多人也会因为辞去工作会感到不安而不愿辞职。本书就是面向这样的人，提供一份在继续本职工作的同时开展副业的方法指南。本书的作者是本职工作收入 1000 万日元，副业收入 4000 万日元的 moto 先生。他表示自己今后也会继续从事本职工作。

工作 10　消除"金钱不安"的方法

关键词 ▶ 边际效用递减法则、非地位性财富、自我投资

每个人都会因为金钱的问题而产生烦恼。对老年的生活感到不安更是很常见的情况。那么应该如何消除这种不安呢？

事实 1　日本人的储蓄情况

日本人的平均存款额为"1752 万日元"。听到这个数字，或许有人在与自己的存款额进行比较之后会感到非常的消沉与悲观吧。

事实上，这个数字之中存在一个陷阱，**虽然"平均"存款额是 1752 万日元，但"中间值"其实是 1036 万日元。**

平均值与中间值看起来很相似，但其实是不同的两个概念。假设有 5 个人，其中 4 个人的存款额为 10 万日元，1 个人的存款额为 1 亿日元。那么这 5 个人存款的中间值就是从高到低排列位于中间的人的数值，也

1亿日元	10万日元	10万日元	10万日元	10万日元

中间值
10 万日元

÷5 人

平均值
2008 万日元

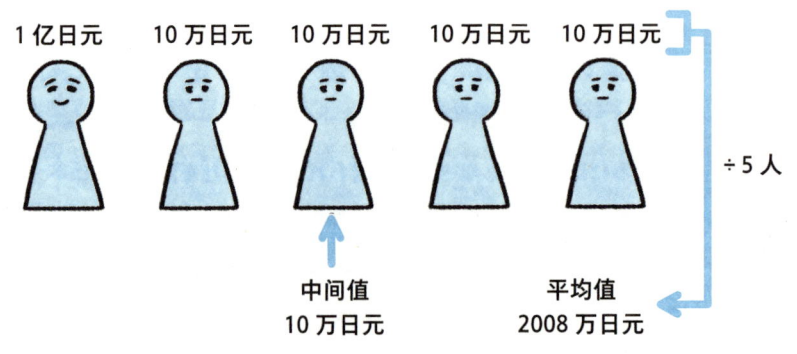

图 ▶ 平均值与中间值

就是第 3 个人的"10 万日元"。但平均值则是 5 个人全部存款额再除以 5 之后的数值，也就是"2008 万日元"。

在这种情况下，**更能够反映真实情况的是中间值。**

此外，前面提到的日本人均存款额的数字其实是包括人寿保险和有价证券的。如果只计算现金存款的话，数字会减少许多。顺带一提，40 多岁单身人群的存款额是 657 万日元。由此可见，有钱的老年人将"日本人的平均存款额"拉高了很多。

根据某项针对 30 到 40 多岁人群的金钱意识调查，存款在 100 万日元以下的人约占全部受访者的六成，**甚至有 23% 的人完全没有存款。**与政府公布的"脱离现实的数字"相比，这个调查的结果显然更符合实际情况。因此，即便你现在没有一分钱存款也完全不必悲观，很多人都和你差不多。

事实 2 "金钱"与"幸福"不成比例

诺贝尔经济学奖获得者、普林斯顿大学名誉教授丹尼尔·卡内曼曾经针对幸福与收入的关系进行了一项非常著名的研究，他的研究结果表明，收入的增加所带来的幸福度提升是有极限的，当"年收入超过 7.5 万美元（大约 800 万日元）之后，幸福度就不会再受收入增加的影响"。

此外，大阪大学 21 世纪 COE 项目进行的调查也证实，年收入 700 万日元左右就是幸福度的饱和点。

在经济学上有一个"边际效应递减法则"。当得到 1 万日元的时候，任何人都会感到很高兴，但如果第二次再得到 1 万日元的时候，兴奋度就没有第一次那么强烈。这是因为在心理上产生了"惯性"。

幸福度

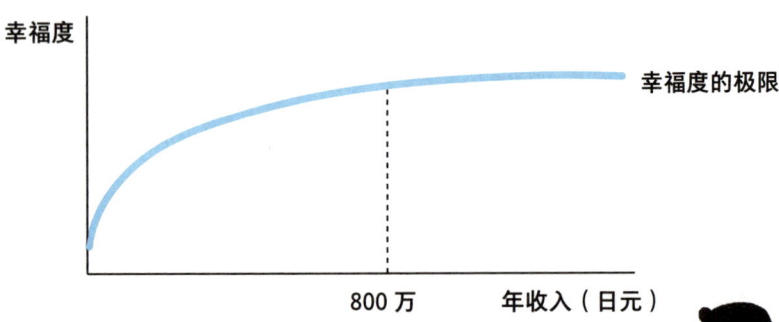

幸福度的极限

800万　年收入（日元）

当年收入超过800万日元之后，收入的增加就不会再使幸福度提升

图 ▶ 年收入与幸福度的推移

当第一次得到1万日元之后，大脑分泌出的多巴胺使人感到"开心""幸福"，而接下来只有获得比1万日元更多的金额（比如2万日元）才会使大脑分泌多巴胺。为了不断地刺激多巴胺分泌，只有不断地提高金额，但这样下去哪怕赚1000万日元、1亿日元，也无法获得真正的幸福。

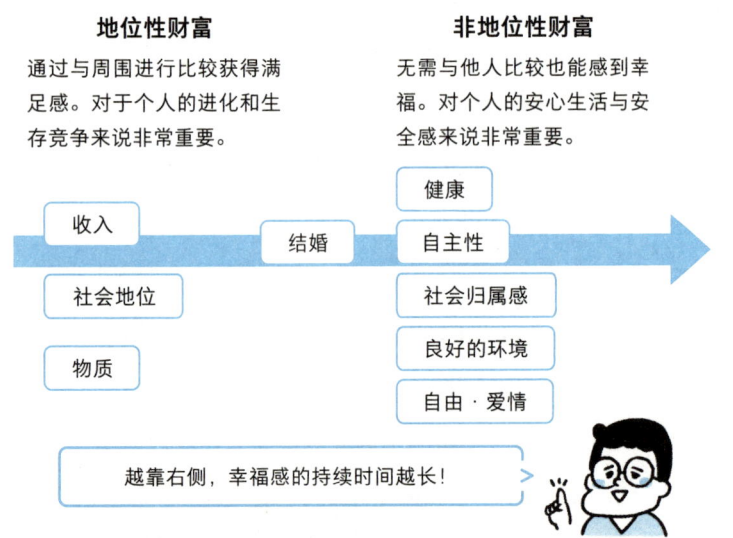

地位性财富
通过与周围进行比较获得满足感。对于个人的进化和生存竞争来说非常重要。

非地位性财富
无需与他人比较也能感到幸福。对个人的安心生活与安全感来说非常重要。

收入　　　结婚　　健康
　　　　　　　　　自主性
社会地位　　　　　社会归属感
物质　　　　　　　良好的环境
　　　　　　　　　自由·爱情

越靠右侧，幸福感的持续时间越长！

图 ▶ "地位性财富"与"非地位性财富"

很多人认为钱越多就越幸福，这种观点是完全错误的。

英国纽约卡斯尔大学的行为科学心理学家丹尼尔·内特尔教授指出，**金钱和物质等"地位性财富"带来的幸福感很短暂，而健康、爱情、自由等"非地位性财富"带来的幸福感则能够持续很长时间。**

也就是说，单纯地追求"金钱"并不能获得幸福。以"赚钱"作为工作和学习的动力无可厚非，但过度追求金钱只会给自己带来不幸。

很多人为了赚钱而过度劳累导致身体健康受损，也没时间陪伴家人，这样的人生并不幸福。

并非只有"金钱"才能带来幸福，"健康""爱情""认可""自我实现""社会贡献"等都能使人得到幸福。

我认为在拥有非地位财富的基础上，努力工作、增加收入，是最好的结果。

> 金钱能够在一定程度上使人更加幸福和快乐。但金钱并不能买来真爱，也买不来健康。
> ——沃伦·巴菲特（被称为"投资之神"的美国投资家）

事实 3　成为有钱人的方法只有两个

"希望成为有钱人""想要赚大钱"，经常有人来向我咨询赚钱的方法。其实答案非常简单。

只要对全世界的富豪进行一下调查就会发现，成为有钱人的方法只有两个，**一个是"创业"，一个是"投资"。**

即便因为"继承遗产"而一夜暴富，如果不依靠"投资"使资产增加的话，只能坐吃山空，导致资产越来越少。

还有的人期望"买彩票"中大奖，但在中大奖的人之中有 70% 的人都迎来了"破产"的结局。由此可见，即便非常幸运地中了大奖，也不一定会获得幸福。

如果自己成立公司，将事业发展壮大、增加利润，那么收入就会不断增加。公司成功上市的话，你甚至有可能获得几十亿甚至几百亿日元的巨额资金。

或者通过股票、证券、不动产等各种投资项目，从 10 万日元的小额投资开始，只要方法得当，也能赚取巨额的财富。

行动 1　从小额投资开始

关于创业的内容我已经在上一节中做了说明，在这里我将为大家简单地介绍一下投资的方法。投资时需要注意的是，不要一开始就进行高额的投资。因为刚开始的时候取得成功的概率很低，**应该先利用小额投资多学习一些与投资相关的知识并积累一定的经验之后再开始正式的投资。**

即便想要"通过投资成为亿万富翁"，但每个月只用几万日元的零花钱，一年用几十万日元的奖金来进行投资的人还是占绝大多数吧。要想以这么少的本金赚取"1 亿日元"并非易事。如果在本钱不多的情况下贸然进行高风险、高回报的投资，很有可能赔得血本无归。因此，首先还是稳妥地多赚取一些本金才是明智的选择。

事实 **4** 最稳妥且回报最大的投资是"自我投资"

假设你有 100 万日元的存款。如果我告诉你有一个"10 年之后能够获得 10 倍回报"的金融产品,而且绝对没有任何风险,你会怎么做呢?在现实之中确实存在这样的投资,那就是"自我投资"。

自我投资是最安全和最有价值的投资。"10 年之后获得 10 倍回报"其实是比较保守的说法。以我为例的话,==与 25 年间自我投资的金额相比,我获得了投资金额 100 倍以上的回报。==

我在 20 到 30 多岁的时候,将自己赚到的所有钱全都用来学习知识和积累经验。从上大学的时候开始我每个月都会阅读 20 本以上的书籍,看 20 部左右的电影,走入社会之后也坚持每个月看 10 部电影。每年至少去海外旅行一次,最近更是每年海外旅行 4 次,加起来我已经去海外旅行了 50 多次。

这些经历成为我现在开展作家活动的基础。正因为我从 20 岁的时候就一直坚持自我投资,所以才有今天的我。

我在过去 10 年间阅读的书籍,是我如今开展工作的知识基础。而 10 年前阅读的书籍早已经成为我的血肉,造就了我如今的思考方式。

资金投资可能有亏本的风险,但自我投资是绝对没有任何风险的。为了 10 年后的自己,请现在就开始进行自我投资。

除了攒钱购买特别想要的东西之外,现在"存款"究竟还有什么意义呢?现在的利息已经几乎接近于零,一旦出现通货膨胀,存款的价值还会大幅贬值。因此,"存款"本身也是有风险的。

既然如此,与其把钱存起来不如用来进行自我投资。我将具体的投资方法整理到了下表之中,请大家参照这张表格积极地进行自我投资吧。

表 ▶ 自我投资的具体项目

健康	去健身房、按摩、吃健康食品、体检、洗牙
人际关系	与人交流、参加酒会、交流会、派对、请别人吃饭
信息、知识	买书、阅读、参加学习会、演讲会、讲座、看电影、话剧、听音乐会、参观美术馆
技能	学习外语、考取资格证书、进修
新体验	海外旅行、留学、国内旅行、做志愿者、体验学习、品尝美味的食物、住高级酒店
美容	去美容店、美甲沙龙、做SPA、买衣服和化妆品
时间	坐计程车、雇人做家务、雇佣员工

希望进一步了解的人

《瞬间改变人生 金钱的秘密》（本田健 著）

难易度 ★★

与金钱无缘的人，其实是自己给自己施加了一道关于金钱的"精神枷锁"。本书就将告诉大家打破这个精神枷锁的方法。本书的核心理念是在花钱的时候带着感激的心情，金钱就会几倍地返还回来。就算你不相信，至少也不要认为金钱是"肮脏"的东西，因为在金钱之中充满了花钱之人的"感激"和"喜悦"。

《搭上"财富列车"的方法 给你一张能够获得所有幸福的车票》（末冈义则 著）

难易度 ★★

本书的作者曾经只是一名普通的工薪族，但现在却已经成为拥有1000户不动产的大富翁。其公司年销售额高达30亿日元，个人年收入超过1亿日元。本书作者根据自身的经验，从"心理""思考方法""行动"三个方面，对成为有钱人的具体方法进行了通俗易懂的说明。读完本书，你就会知道要想成为一名有钱人都需要采取哪些准备和行动。

第 4 章

拥有
"不知疲倦的身体"

健康

健康 1　解决睡眠不足的问题

关键词 ▶ 褪黑素、成长荷尔蒙

根据"国民健康与营养调查"（2018）的结果，睡眠时间不足6小时的人，男性为36.1%，女性为39.6%。其中30多岁的男性和50多岁的女性所占的比例分别为50.0%和54.1%。而拥有7小时以上充足睡眠时间的人，男性为29.5%，女性为25.7%。处于工作年龄的人，每2~3人之中就有一个人存在睡眠不足的问题。

事实 1　睡眠不足的危害

虽然很多人都知道睡眠不足有害健康，但却不知道究竟有哪些危害。睡眠不足的危害主要包括以下3点。

（1）引发疾病（缩短寿命）

许多研究的结果都表明，睡眠不足会增加人体罹患疾病的风险。睡眠6小时以下的人与睡眠充足的人相比，患癌症的风险高5倍、脑中风4倍、心肌梗死3倍、高血压2倍、糖尿病3倍、感冒5倍。死亡率也增加5.6倍。

很多人都知道"吸烟"有害健康，但实际上有不少研究人员都指出，"睡眠不足比吸烟更加有害身体健康"。

或许有人认为年轻的时候熬夜没什么问题，但年轻的时候长期睡眠不足的危害，在经过10~20年之后就会以"慢性病"的形式表现出来。

（2）降低工作效率

睡眠不足的人或许自己感觉不到，减少睡眠时间，会导致大脑的运转能力急剧下降。连续 14 天不足 6 小时睡眠的大脑状态，与 2 天不睡觉的大脑状态几乎相同。也就是说，每天都无法保证 6 小时以上睡眠的人，就相当处于"每天都在通宵工作"的状态。

有研究表明，减少睡眠时间会导致专注力、注意力、判断力、执行力、瞬间记忆、长期记忆、计算能力、逻辑分析能力、心情、感情等几乎所有的大脑功能下降。睡眠不足的人在每天的工作之中只能发挥出真正水平的三至五成。

> 对健康有好处的事情大多不容易做到，唯一让人喜欢的就是舒适的睡眠。
>
> ——埃德加·沃森·豪（美国小说家）

（3）容易肥胖

"睡眠不足"还有使人肥胖的风险。许多减肥失败的人都是因为在睡眠不足的状态下进行减肥。

针对睡眠时间与肥胖的研究表明，睡眠时间在 5～6 小时的人相比睡眠充足的人肥胖的危险是 1.2 倍，4～5 小时的人是 1.5 倍，4 小时以下的人是 1.7 倍。

还有一项数据证实，"睡眠不足的人，每天会多摄入 385 千卡的热量"。睡眠不足的人食欲都异常旺盛。

睡眠不足会促进胃饥饿素的分泌，减少瘦蛋白的分泌，提高人体对高糖、高脂肪的垃圾食品的摄取欲望。结果使人食欲大增，而且非常想吃甜食和油炸食品。

因为睡眠不足会使身体感觉到"危险性"，于是拼命地积攒能量。要想减肥的话，首先请保证充足的睡眠时间。

事实 2　充足的睡眠时间是多少

许多研究和数据表明，必要的睡眠时间为"7 小时以上"。

根据加利福尼亚大学对睡眠时间和死亡率的调查，睡眠时间"6.5 小时至 7.5 小时"的人最为长寿。而低于或者高于这个时间，都会使死亡率提升。睡眠时间与死亡率的关系呈 V 字形。

日本厚生劳动省的调查数据表明，在 40 多岁的人群中大约有一半人

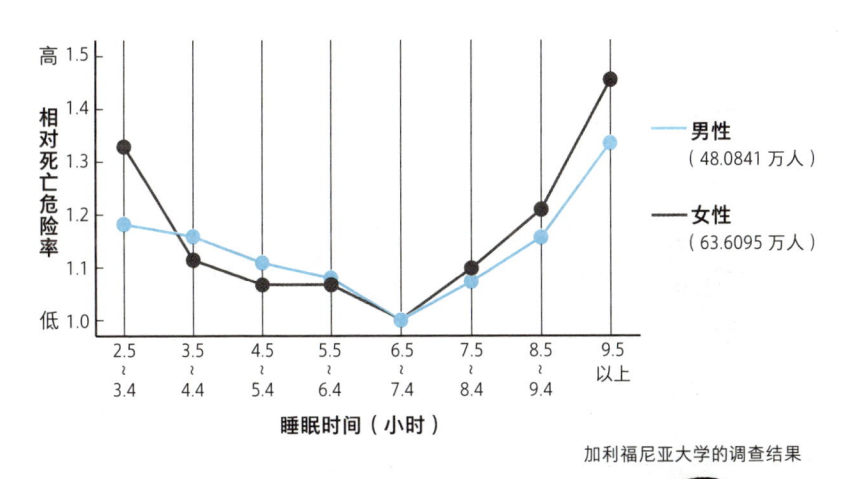

加利福尼亚大学的调查结果

睡眠时间在 7 小时左右最长寿！

图 ▶ 睡眠时间与死亡率

睡眠时间不足 6 小时，每 5 人中就有 1 人存在睡眠相关的烦恼，20 人中有 1 人服用安眠药。许多日本人都存在非常严重的睡眠问题。因此，请大家努力保证 7 小时以上的睡眠。

行动 1 尝试坚持 1 周睡眠优先

感觉自己睡眠不足的人，可以首先从"**增加 1 小时睡眠时间**"开始。以坚持"1 周"为目标，比平时早上床 1 小时，增加 1 小时的睡眠时间。可以减少看手机、看电视，玩游戏的时间，或者少做一些家务也没关系，总之以睡眠优先。

虽然只增加 1 小时的睡眠时间，但能够使你的大脑得到充分的休息，从而提高工作效率。而更高效地完成工作，可以使你更容易保证充足的睡眠时间。

睡眠时间 6 小时　➡　睡眠时间 7 小时

疲劳、倦怠

专注力↓
注意力↓
判断力↓
记忆力↓

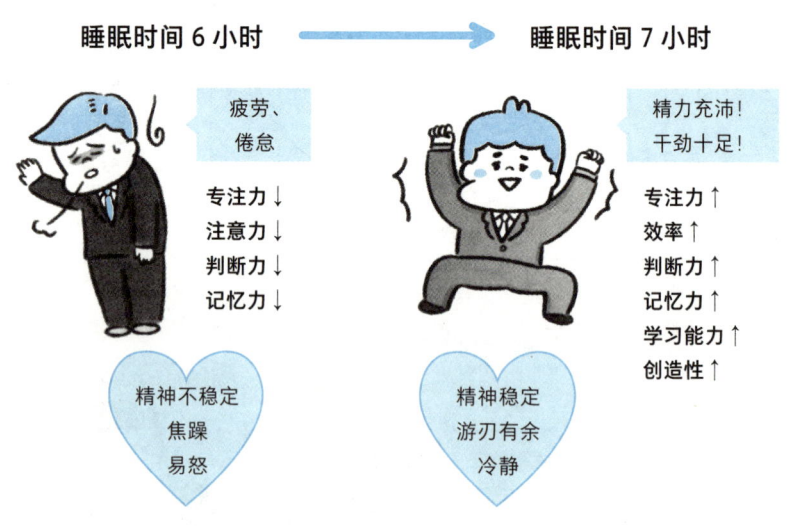

精神不稳定
焦躁
易怒

精力充沛！
干劲十足！

专注力↑
效率↑
判断力↑
记忆力↑
学习能力↑
创造性↑

精神稳定
游刃有余
冷静

图 ▶ 增加 1 小时睡眠时间的好处

事实 3　睡眠的"量"和"质"哪个更重要

睡眠重要的究竟是"量"还是"质"？答案是"**都重要**"。即便睡眠的质量很好，但要是无法保证 6 小时以上的睡眠还是会使人难以彻底消除疲劳。而睡眠质量差的话，即便保证 7～8 小时的睡眠也毫无意义。

睡眠质量的好与坏，从早晨起床时的感觉就能判断出来。睡眠质量好的人，早晨起床时大脑非常清醒，精神也很好，前一天的疲劳也彻底恢复，浑身充满了干劲。不用闹钟也能自然醒来是高质量睡眠的最大特点。

而睡眠质量差的人，早晨往往起不来，感觉"还想再睡一会儿"，身体的疲劳感也没有完全消失，对工作提不起精神。早晨闹钟响了几遍也不愿起床的人尤其需要注意。

此外，**难以入睡、夜间经常醒来、白天总是感觉很困的人，也是睡眠质量出了问题的表现。**

智能手机的"睡眠应用程序"，以及智能手表都可以对睡眠情况进行监测，想要了解自己睡眠情况的人可以尝试一下这些工具。

行动 2　改掉影响睡眠的坏习惯

首先你要做的就是彻底消除会给睡眠造成负面影响的生活习惯。**重新审视"睡前 2 小时"的使用方法。**为了提高睡眠的质量，睡前必须让大脑得到"放松"。绝对不能躺在床上的时候大脑还处于"兴奋"状态。接下来让我们看一看都有哪些会影响睡眠的生活习惯。

（1）蓝光刺激

"蓝光"指的是手机、电脑、荧光灯等设备发出的光线。蓝光的波长与白天光线的波长一样，而传统电灯泡的红光则与夕阳的波长一样。

长时间受到蓝光的照射，会使大脑误认为"现在是白天"，影响大脑分泌褪黑素。另一方面，受到红光的照射，会让大脑产生"现在是夜晚"的认知，促使大脑分泌褪黑素，使全身的活动逐渐放松下来，进入睡眠的准备状态。

（2）喝酒、吃东西

有的人认为"睡前喝点酒有助于提高睡眠质量"，但这种观点是完全错误的。喝酒虽然能够缩短入睡时间，**但也会缩短整体的睡眠时间。**如果前一天晚上喝酒的话，第二天会醒得特别早，大家应该都有过这样的经历吧。"缩短睡眠时间"和"提前清醒"是酒精的药理效果。

饮酒会对睡眠造成非常不好的影响。酒精依赖症的患者大多患有睡眠障碍，就是由于这个原因。

在我的患者之中，有失眠好几年也没有治好，吃 10 片安眠药仍然睡不着的人。这位患者在入院后开始戒酒，一周后睡眠质量就得到了改善。**有饮酒习惯的人如果感觉"睡眠质量太差"，不妨戒酒试一试。**

此外，睡前 2 小时如果吃东西的话，也会影响睡眠质量。吃东西会影响成长荷尔蒙的分泌。因为成长荷尔蒙有"提高血糖值"的效果，所以在血糖值比较高的状态下不会分泌。要想保证睡眠质量，成长荷尔蒙的分泌十分重要。**如果人体不分泌成长荷尔蒙就无法消除疲劳。**

（3）使人感到兴奋的娱乐活动

能够使人感到兴奋的娱乐活动包括玩游戏，看电影、电视剧、漫画、小说，等等。玩游戏之所以能一直玩到深夜也不觉得困，就是因为紧张刺激的游戏会促使人体分泌肾上腺素。而肾上腺素会使交感神经活跃，提高心率和血压，使人体进入兴奋状态。

在睡觉之前，必须让人体处于副交感神经活跃的放松状态。能够使人感到兴奋的娱乐活动对睡眠的影响非常大，请在睡觉之前尽量避免这些娱乐活动。

希望进一步了解的人

难易度 ★

《斯坦福高效睡眠法》（西野精治 著）

斯坦福大学有全世界最权威的睡眠研究机构。斯坦福大学的西野精治教授执笔的本书，可以说是"睡眠类书籍"的开山之作。"睡眠负债"的概念就是由本书提出并流传开来的。想获得深度睡眠，最重要的因素就是"体温"。因此在"睡前90分钟洗澡"是最佳的选择。本书由科学根据和具体的行动指导组成，在看完之后立刻就能够将书中学到的方法应用起来。

> 健康 2

进一步提高睡眠质量的方法

关键词 ▶ 自然治愈力、放松过程

在上一节中，我为大家介绍了解决睡眠不足的方法。在这一节中，我将详细说明进一步提高睡眠质量的方法。

事实 1　对"失眠"置之不理会导致疾病

"睡眠质量差"究竟是怎么一回事呢？

大脑和身体都有"睡眠"这个系统。睡眠具有消除疲劳、提高免疫力、促进新陈代谢、修复细胞、整理大脑信息等作用。睡眠是生物必不可少的机能。

"失眠"对任何生物来说，都是极为异常的状态。这说明不规则的生活与压力使"正常的睡眠机能"出现了问题。

人类的身体拥有"自然治愈的能力"。虽然这种能力在白天的时候也能在一定程度上发挥作用，但主要发挥作用的时间还是在免疫活动最为活跃的"睡眠"期间。如果睡眠时间短，睡眠质量差的话，人体的这种自然治愈力就无法充分地发挥作用，结果导致人体出现疾病。

"失眠"是身体发出的"警告"。如果在接到警报之后仍然没有及时改变不良的生活习惯，就很有可能出现精神疾病以及心肌梗死、脑中风等身体疾病，甚至可能出现猝死的危险。"失眠"可以说是介于"健康"和"疾病"之间的"未病"状态。

正如前文中提到过的那样，慢性失眠的人与睡眠质量好的人相比，

健康 → 未病 → 疾病

绝对不能对"失眠"置之不理！

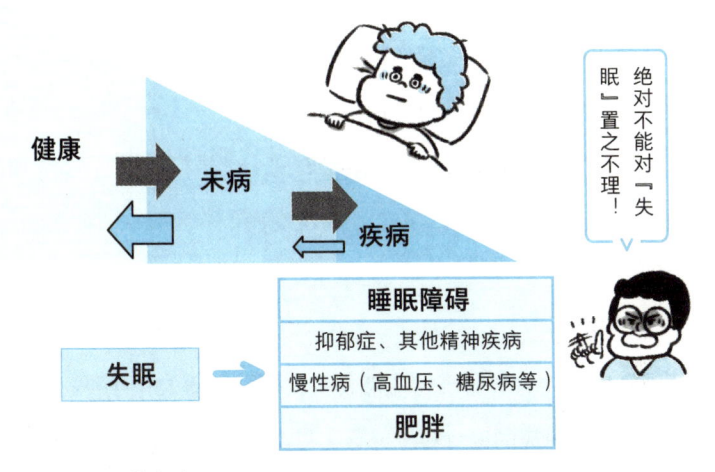

失眠 → 睡眠障碍
抑郁症、其他精神疾病
慢性病（高血压、糖尿病等）
肥胖

图 ▶ 睡眠不足的危害

抑郁症的发病率相差 40 倍，患上认知障碍的风险也相差 5 倍。

我再强调一遍，如果对"失眠"置之不理，很有可能导致精神和身体出现疾病。反之，在发现出现"失眠"问题之后及时地改善生活习惯，则能够健康长寿。

行动 1 提高睡眠品质的方法

在前一节中，我提到的都是会对睡眠造成负面影响的坏习惯，在这里我将为大家介绍一些有助于改善睡眠质量的好习惯。

（1）正确的洗澡方法

斯坦福大学的西野精治教授经过研究发现，**"洗澡是获得高质量睡眠最重要的方法"**。他建议"在睡觉之前 90 分钟洗完澡"。

为了获得高质量的睡眠，必须**"降低身体内部的体温"**。在洗完澡之后体温会逐渐下降，洗完澡 90 分钟的时候身体内部的体温也处于下降状态，成长荷尔蒙的分泌最为活跃。

此外，**"洗澡的水温 40℃，泡澡时间 15 分钟"**比较合适。如果喜欢水温更高的人，最好在睡觉前 2 小时洗完澡。

（2）运动

俄勒冈州立大学的研究结果表明，每周运动 150 分钟，可以改善睡眠质量，减少白天的困意和疲劳感，提高注意力。每天坚持运动 20 分钟（早起散步也可以）能够极大地改善睡眠质量。**每周进行两次 45～60 分钟以上的中强度运动**效果更佳。

（3）灯光与室温

正如上一节中提到过的那样，"蓝光"是睡眠的头号天敌。荧光灯也会发出蓝光，所以请将家里的荧光灯都换成白热电灯或者 LED 电灯。

睡觉时在**"全黑"的环境下**对睡眠质量最有好处。请不要在睡觉的时候让夜灯一直亮着。窗帘太薄使外面的光线透进来也不行。哪怕只是一点点的光线，也会影响褪黑素的分泌。

"室温"也是非常重要的因素。夏季 25℃～26℃，冬季 18℃～19℃ 是比较舒适的睡眠温度。可能有人认为 18℃～19℃会使身体感觉比较寒冷，但为了进入深度睡眠，必须让"身体内部的体温下降"。室温低一些更有助于提高睡眠品质。因此，请尽量在温度比较凉爽的环境下睡觉，只要保证不会感冒的程度即可。

行动 **2** 睡前 2 小时的放松过程

在保证了良好的睡眠环境之后，接下来就是实践提高睡眠质量的方法。我将其称为**"睡前 2 小时的放松过程"**。白天的时候，负责人体活动的交感神经处于优势地位，而到了夜晚，则应该让负责促进睡眠的副交感神经处于优势地位。在睡前 2 小时应该做的准备如下表所示。

表 ▶ 睡前 2 小时的放松过程

1. 睡前 90 分钟洗完澡（水温 40℃）
2. 与家人聊天、与宠物玩耍，享受轻松的交流
3. 补充水分（但不能喝咖啡和酒精）。不吃东西
4. 做一些柔软体操和瑜伽等轻度的运动。听音乐、做香薰和按摩等非视觉系的娱乐（避免蓝光照射）
5. 写日记、回顾今天发生的快乐的事情（以积极的心态结束一天）

行动 **3** 摆脱安眠药的方法

当因为失眠而去精神科就诊的时候，医生可能会给你开安眠药。如果不想依赖安眠药，就需要改掉前面提到过的所有"影响睡眠的坏习惯"。只改变 1～2 个习惯，并不能取得什么效果。此外，为了重置体内的生物钟，"早起散步"是必不可少的。只要彻底改变生活习惯，就一定能够使睡眠质量得到提高。请大家一定要认真对待。

希望进一步了解的人

《这本书能让你睡得好》（肖恩·史蒂文森 著）

难易度 ★★

  在介绍睡眠方法的书中，我最喜欢的就是这本书。医生和研究者创作的书籍，虽然有很多"科学依据"和"原因"，具有很高的说服力和可信度，但却很少教人具体怎么做。而身为健康咨询师的肖恩·史蒂文森是一位非常狂热的健康和睡眠爱好者，他查询了所有的方法并且亲自进行验证，将验证的结果整理成册，本书可以称得上是一本关于睡眠方法的百科全书。本书最大的特点就是对具体的方法进行了非常详细的介绍。无论你在睡眠上存在什么问题，都可以从本书之中找到对应的方法，然后通过实践切实地改善。

| 健康 3 | 缺乏运动的解决办法 |

关键词 ▶ 死亡风险、早起散步

工作繁忙的商务人士恐怕很难有闲暇时间来进行运动。日本厚生劳动省"国民健康·营养调查"（2016）的结果显示，每周坚持 2 次 30 分钟以上的运动，并且持续 1 年以上的人，男性为 35.1%，女性为 27.4%。

事实上，每年都有约 5 万人因"运动不足"而导致死亡。在本节中，我将为大家说明运动不足的危害，以及简单的运动方法。

事实 1　运动不足的危害

"运动不足有害健康"，这是所有人都知道的常识。但运动不足具体会对健康造成哪些危害，恐怕没有几个人能说得清楚。首先让我们来看一看运动对健康都有哪些好处。

到目前为止的许多研究结果证明，每周进行 150 分钟左右的运动，能够将罹患主要疾病的风险降低 30%～60%。

表 ▶ 运动对健康的好处

死亡率	减少 30%～50%
心脏疾病	减少 27%～60%
癌症	减少 30%
乳腺癌	减少 30%
结肠癌	减少 50%
糖尿病	减少 58%
抑郁症	减少 12%
认知障碍	减少 30%～50%

"每周坚持中等强度的运动 150 分钟"有这些好处！

229

在死亡率方面，只要坚持轻度运动就能减少 30% 的死亡率。如果每周坚持 150 分钟的中强度运动，则能够将死亡率减少 50%。由此可见，**运动不足对健康的影响非常大，甚至关系到我们的生命。**

事实 2 运动的好处

运动带来的好处不仅是"预防疾病"和"减肥"，这只是运动的一部分效果而已。实际上运动的好处非常多。

表 ▶ 运动的好处

1. "减肥效果" …… 分泌成长荷尔蒙与燃烧脂肪
2. "预防疾病" …… 能够预防心血管疾病、高血压、糖尿病、癌症等许多主要疾病
3. "增强智力" …… 能够促进海马体神经元新生，预防大脑衰老和认知障碍
4. "增强记忆力" …… 提高大脑运转速度
5. "提高工作能力" …… 提高注意力、判断力、创造力等全部大脑功能
6. "增强肌肉、强化骨骼" …… 预防衰老、骨折，提高新陈代谢避免肥胖
7. "提高免疫力" …… 增强人体对病毒的免疫力，杀灭癌细胞
8. "促进疲劳恢复" …… 通过成长荷尔蒙加快疲劳恢复速度
9. "提高睡眠质量" …… 提高睡眠带来的健康效果
10. "增强活力" …… 分泌多巴胺
11. "消除压力" …… 降低压力荷尔蒙的分泌
12. "稳定感情和情绪" …… 激活血清素（改善焦躁、愤怒、冲动）
13. "预防与治疗精神疾病" …… 预防精神疾病，对抑郁症有和药物治疗相同甚至更好的疗效

《运动锻炼大脑》

由此可见，运动不但对身体有好处，还有"增强智力""提高工作能力""稳定感情"等许多好处。

正如前言中说过的那样，运动能够消除绝大多数的烦恼和不安。运动能够促使大脑分泌多巴胺，使人感到幸福和快乐。==当你感到闷闷不乐和烦恼的时候，首先应该做的事情就是"运动"。==

事实 3　难以开始运动的原因

虽然运动有这么多好处，但还是有很多人因为"没时间""嫌麻烦"等原因不愿开始运动。==这样的人都认为"只有特意安排出时间才能开始运动"。==

根据世界卫生组织（WHO）对"必要运动量"的指导建议，"==每周进行 150 分钟快步走等中强度的运动，或者 75 分钟跑步等高强度的运动即可=="。

也就是说，只要每天坚持 20 分钟左右的快步走，就能满足最低限度的运动量。事实上，美国国立癌症研究所的研究结果也表明，"每周快步走 150 分钟"能够延长寿命 4.5 年。如果这样看的话，运动的难度是不是下降了很多呢？

> 我的 1 天只有 23 小时，因为其中 1 小时必须用来运动。
> ——村上春树（小说家）

行动 1　用运动来填补闲暇时间

即便不用特意去健身房，只要在日常生活中稍微活动一下，就能达到运动的效果。

对于工作比较繁忙的商务人士，我推荐利用闲暇时间来进行运动的方法。

通过下表不难看出，只要将闲暇时间利用起来就能够满足一天的运动量。此外，即便每天只能保证 10 分钟的运动时间，也不必过于焦虑。因为即便无法达到"每周 150 分钟"的运动时间，**但只要保证每天运动 10 分钟，也一样能够降低 30% 的死亡率**。因此，关键在于运动起来，哪怕时间很短也要坚持运动。

表 ▶ 适合在闲暇时间进行的运动

1. 走路上下班 不能慢走，必须快步走。如果上班的路途遥远必须坐车的话，可以提前一站下车，然后快步走到公司
2. 不坐电梯走楼梯 不坐电梯走楼梯能够增加很多的运动量
3. 起身时做深蹲 每次从椅子上站起来的时候都顺便做 10 个深蹲。注意深蹲的动作一定要做到位
4. 去公司外面的饭店吃饭 去距离公司 5~10 分钟路程的地方吃午饭。这样能够保证 10~20 分钟的快步走
5. 做家务 扫除、收拾房间、洗衣服等家务也是很好的运动

> 加拿大麦克马斯特大学的研究表明，每天 20 分钟的运动不一定非要是"正式的运动"，通过"做家务"让身体活动起来也完全可以

希望进一步了解的人

《运动改造大脑》（约翰·瑞迪、埃里克·哈格曼 著）

难易度 ★★★

　　非常全面地介绍了"运动与大脑"关系的一本书。书中介绍了所有与运动和大脑有关的论文与研究，以及运动的好处。读完本书，你一定会产生强烈的运动冲动。我就是在看完这本书之后开始正式进行运动的。可以说这是改变我人生的一本书。

健康 4　坚持高质量运动的方法

关键词 ▶ 有氧运动、无氧运动、脑源性神经营养因子

在前一节中，我给大家说明了最低限度的运动量，但为了进一步增强健康，提高工作表现，我们还需要坚持高质量的运动。

事实 1　什么是"高品质运动"

"每天快步走 20 分钟"是最低限度的运动量。如果觉得这个运动量太轻松了，可以尝试更高强度的运动。我阅读了许多相关书籍和论文并结合自身的经验，整理出了"高品质运动"的 4 个条件。这也是我自己亲身实践的运动方法。

> （1）进行中等强度以上的运动（1 次 45~60 分钟以上，每周 2~3 次以上）
> （2）有氧运动与肌肉锻炼相结合
> （3）加入需要使用大脑的复杂运动
> （4）适可而止，不要运动过度

行动 1　进行中等强度以上的运动

对于之前没有运动习惯的人来说，可以先从利用 5~10 分钟闲暇时间的运动开始，但要想让运动更有效果，最好还是能够坚持连续运动 30

分钟以上。

因为坚持**有氧运动 20～30 分钟之后，人体才会开始分泌成长荷尔蒙**。成长荷尔蒙具有燃烧脂肪、提高睡眠质量、消除疲劳、增强免疫力、美容护肤等效果，可以说是"最佳的健康物质"。

此外，在刚开始进行运动的时候，人体会首先消耗糖分作为能量，所以短时间的运动并不能起到燃烧脂肪的效果。因为成长荷尔蒙也有燃烧脂肪的效果，所以坚持运动 30 分钟之后，人体才会真正地开始燃烧脂肪。而运动时间在 30 分钟以下的人几乎都瘦不下来。

运动强度最好在"中等强度或以上"。中等强度是"快步走"和"慢跑"的程度。最好的状态是在运动时不会感觉过于疲惫，运动结束后轻微出汗。

行动 2　有氧运动与肌肉训练相结合

运动分为有氧运动和无氧运动两种。如果要问这两种运动哪个更重要，答案是都重要。

有氧运动包括散步、慢跑、游泳、骑自行车等运动时可以呼吸的运动。无氧运动包括肌肉训练、短距离冲刺、负重锻炼（哑铃、举重）等运动时需要屏住呼吸的运动。

有氧运动和无氧运动的效果完全不同。**有氧运动具有激活大脑和燃烧脂肪的效果。无氧运动则能够增强肌肉和骨骼，提高基础代谢，具有增强身体基础功能的效果。**

在同一天进行有氧运动和无氧运动，比分开进行效果更佳。

有研究结果表明，只需要做 1 分钟深蹲，就可以促进成长荷尔蒙的分泌。高强度的无氧运动只需要 5～10 分钟就能促使人体开始分泌成长荷尔蒙，相当于有氧运动 20～30 分钟的效果。也就是说，**在进行有氧运动之前先进行肌肉训练，可以在开始慢跑之后立即燃烧脂肪，使运动的效果得到极大的提升。**

表 ▶ 有氧运动与无氧运动的区别

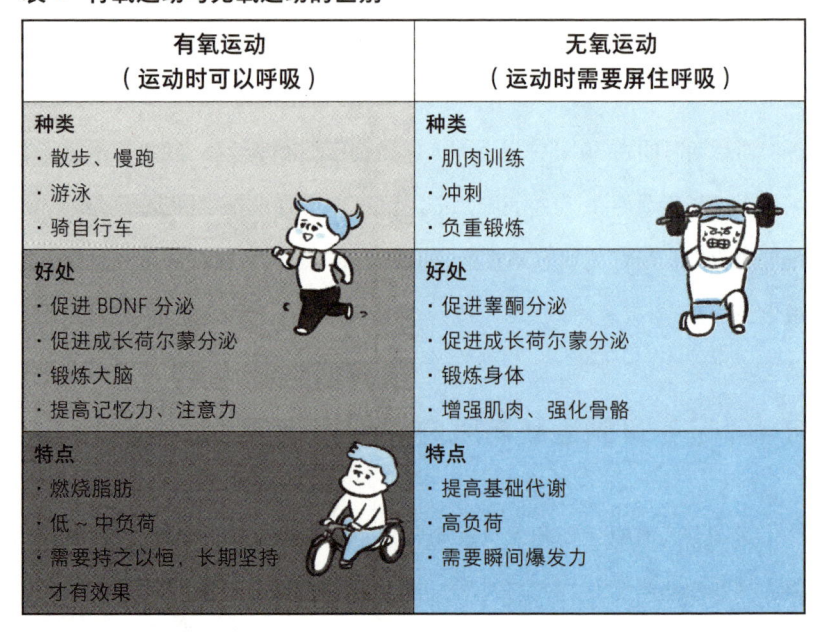

有氧运动 （运动时可以呼吸）	无氧运动 （运动时需要屏住呼吸）
种类 · 散步、慢跑 · 游泳 · 骑自行车	种类 · 肌肉训练 · 冲刺 · 负重锻炼
好处 · 促进 BDNF 分泌 · 促进成长荷尔蒙分泌 · 锻炼大脑 · 提高记忆力、注意力	好处 · 促进睾酮分泌 · 促进成长荷尔蒙分泌 · 锻炼身体 · 增强肌肉、强化骨骼
特点 · 燃烧脂肪 · 低～中负荷 · 需要持之以恒，长期坚持才有效果	特点 · 提高基础代谢 · 高负荷 · 需要瞬间爆发力

喜欢锻炼肌肉的人就只进行肌肉训练，喜欢跑步的人就只跑步，这样做完全是一种浪费。通过将有氧运动和肌肉训练相结合，可以使运动效果提升几倍以上。

> 锻炼肌肉是一站式的解决方案！当你感到困扰和烦恼的时候就去锻炼肌肉吧！
>
> —— Testosterone《最强筋肉社长》

行动 3　加入需要使用大脑的复杂运动

有氧运动能够激活大脑，促进能够增加大脑神经网络的脑源性神经营养因子分泌。也就是说，有氧运动能够让大脑变得更加聪明。**但在运动量相同的情况下，与单纯的重复运动相比，复杂的运动更能够促进 BDNF 的分泌。**

比如在跑步机上走步很枯燥，容易使人感到厌烦，但在室外走路就能够感受到景色的变化。而在没有道路的山林之中进行越野跑，被认为是最能够激活大脑的运动项目之一。

复杂且具有变化，使人感到有难度的运动更能够激活大脑，"舞蹈"和"格斗"都满足上述条件。

我个人学习了"传统武术"，因为这种运动需要根据对方的行动做出迅速的反应，所以对身体和大脑两方面都是很好的锻炼。

行动 4　适可而止，不要运动过度

或许有人认为运动量越多越好，但实际上并非如此。

有研究结果表明，"每天运动的人"与"每周运动 2～3 次的人"相比，心脏病、脑中风的发病率都是后者的 2 倍。还有一项针对运动量与死亡率之间相关性的调查结果表明，**"中等程度运动"的人最为长寿，其次是"轻度运动"的人。**"重度运动"的人甚至比"轻度运动"的人死亡率更高。

每天坚持进行中等强度的运动并没有什么问题，但如果每天坚持高强度的运动，不一定对健康有好处。适度运动才是最健康的方式。

事实 2　无法坚持运动的原因

这个世界上最难做到的事情莫过于"坚持运动"。"开始尝试慢跑却连3天都没坚持下来""办了健身中心的会员,却一次也没去过",这样的人恐怕很多吧。

人类对于"快乐"的事情很容易坚持下去,但"不快乐"的事情就很难坚持。**因为"快乐"的事情能产生多巴胺,而"痛苦"的事情则会产生压力荷尔蒙。**几乎所有无法坚持运动的人,都是因为运动感到"痛苦",所以才无法坚持下去。

尤其是以减肥为目的而开始运动的人最难坚持下去。因为减肥是一个漫长的过程,**很难在短期内看到效果。**如果慢跑一个月,体重却连1公斤都没有下降,就会使人失去继续坚持下去的动力。

同样,设定"一个月内瘦3公斤""每天慢跑1小时"这样高难度的目标,也会使人难以坚持下去。

此外,像"慢跑"这样自己一个人也能完成的运动,虽然有"可以随时开始"的好处,但也有**"容易随时放弃"**的坏处。要想坚持下去,必须有非常坚定的意志。

行动 5　给运动增添乐趣

既然知道了运动难以坚持下去的原因,只要将这些原因逐一消灭,就可以坚持运动。

首先需要找到一个自己喜欢的运动。恐怕没有人能说"我喜欢所有的运动"吧。

"我喜欢跑步和肌肉训练这种可以独自一人进行的运动。"
"我喜欢瑜伽和舞蹈这种和大家在教室里一起进行的运动。"
"我喜欢球类的竞技体育运动。"

在各种各样的体育项目中，找到适合自己的运动非常重要。

不过对于意志力不坚定的人来说，如果独自一人开始运动，很容易半途而废，所以最好是夫妻、朋友、恋人一起开始运动。

一起运动能够相互鼓励，使自己更容易战胜"痛苦"。

有的健身中心会定期举办促进会员之间交流的健身派对。即便你对运动本身并不感兴趣，但如果能够通过与其他会员的交流获得乐趣，那也可以帮助你将运动坚持下去。

此外，在运动结束之后，请对自己说"今天也非常痛快、心情舒畅"。这种自我催眠性的话能够提高你对运动的积极性。

虽然在运动的过程中可能会感到"痛苦"，但在运动结束之后，任何人都会充满"爽快感"和"成就感"。"真痛快""出了很多汗""今天也很努力""我可真了不起"，请不要吝啬鼓励自己。

我经常会在从健身中心回家的路上一边自言自语地鼓励自己，一边回味运动的乐趣。这使我对运动之后的"爽快感"和"成就感"充满期待，更加愿意将运动坚持下去。

> 希望进一步了解的人

《通过科学合理的肌肉训练来改变人生》
（谷口智一 著）

难易度 ★

　　本书的作者是"BEST BODY JAPAN"的创始人谷口智一。他根据自己丰富的经验加上科学的依据，用非常风趣幽默的语言写成的本书，让人看完之后就会产生强烈地想要锻炼肌肉的冲动。书中介绍的大多是不需要杠铃和哑铃，在家中就能进行的锻炼，非常适合初学者。

《最强筋肉社长》（Testosterone 著）

难易度 ★

　　在推特上拥有超过 100 万名粉丝的肌肉锻炼大师 Testosterone 将发表在推特上的内容整理而成的一本书。看完这本书之后，你会对肌肉锻炼的重要性产生全新的理解和认识，并且燃起肌肉锻炼的热情。运动最重要的就是"开始"和"坚持"。本书不但可以使你产生开始锻炼肌肉的热情，更能够让你拥有"坚持下去"的动力。肌肉永远不会背叛你！

健康 5　真正对健康有益的食物

关键词 ▶ 全营养食品、控糖、神经维生素

"什么是健康的食品？什么是不健康的食品？""不知道到底应该吃什么才好"，或许很多人都有这样的困扰。

但当你查阅了许多书籍和研究结果之后，却发现每个人说的内容都不一样，相似的研究和实验却得出了完全相反的结果。

尽管关于食物的好与坏在学者之间也是众说纷纭，但我还是为大家总结出了一些了解之后能够给大家带来帮助的信息。

事实 1　有科学根据的"健康食品"只有 5 种

真正的健康食品都有什么呢？许多的研究结果表明，真正的健康食品，也就是能够降低脑中风、心肌梗死、癌症等疾病风险的食品，只有以下 5 种。

"鱼""蔬菜与水果（不包括果汁和土豆）""深色的碳水化合物（糙米、荞麦、全麦粉面包）""橄榄油""坚果"。

反之，不健康的食品包括"红肉（不包括鸡肉。火腿、腊肠等经过加工的肉类尤其不健康）""白色碳水化合物（白米、乌冬面、意大利面、精粉面包）""黄油等饱和脂肪酸"。

综上所述，尽量摄入对健康有利的食品，避免摄入对健康有害的食品，就是最科学健康的饮食方法。**多吃糙米少吃白米、多吃鱼少吃肉、多吃橄榄油少吃黄油、多吃坚果。**

可能很多人对于"白米"被分类为"不健康的食品"感到非常意外，但白米在精制的过程中流失了大量的营养和食物纤维，还很容易使血糖上升，摄入过多会提高罹患糖尿病的风险。

表 ▶ 健康食品、不健康食品

分类	说明	食品举例
1	诸多可信赖的研究证明对健康有益的食品	·鱼 ·蔬菜与水果 ·深色碳水化合物 ·橄榄油 ·坚果
2	可能对健康有益的食品。少数研究结果表明其可能对健康有益	·黑巧克力 ·纳豆 ·咖啡、茶 ·酸奶、豆奶 ·醋
3	并没有研究结果证明对健康有害的食品	其他食品
4	可能对健康有害的食品。少数研究结果表明其可能对健康有害	·蛋黄酱、植物油 ·果汁
5	诸多可信赖的研究证明对健康有害的食品	·红肉（牛肉、猪肉，不包括鸡肉）和加工肉（火腿和香肠） ·白色碳水化合物（包括土豆） ·黄油等饱和脂肪酸

出自《经过科学证明的终极饮食法》（津川有介 著）

糙米含有丰富的维生素（不包括维生素C）、矿物质以及食物纤维，这些都是维持人体健康必不可少的营养成分，可以说糙米属于**"全营养食品"**。

虽然很多人都觉得糙米"口感太硬""煮饭时间太长"，但只要比煮白米饭时多放二到三成的水并提前浸泡一晚，就可以用普通的电饭锅将其煮成与白米饭一样的口感。

其他可能对健康有益的食品包括黑巧克力、咖啡、纳豆、酸奶、醋、豆奶、茶等。

> 让食物成为药物，药物成为食物。
>
> ——希波克拉底（古希腊医师）

事实 2 控糖对健康的影响

最近关于"控糖"对健康的影响成为医学界讨论的焦点。其实，医学权威杂志《柳叶刀》在 2018 年就曾经发表过"严格的控糖会提高死亡率"的研究报告，这一结果应该具有较高的可信度。

还有一项研究对 45～65 岁的 1.5 万名美国人进行了 25 年的跟踪调查，发现碳水化合物的比例在总摄入卡路里中占 50%～55% 的人群死亡率最低，而高于或低于这一数值的人群的死亡率都会逐渐提升。**这说明过分摄取糖分对健康不利，但过度控糖同样对健康没有好处。**控糖减肥虽然对减肥很有帮助，但并不属于健康的减肥。

某项调查结果表明，超过 40% 的日本人每天的糖分摄取量高于 300 克的标准值。

因此，对于过量摄取糖分的人来说，采取一定程度的控糖措施是有必要的。

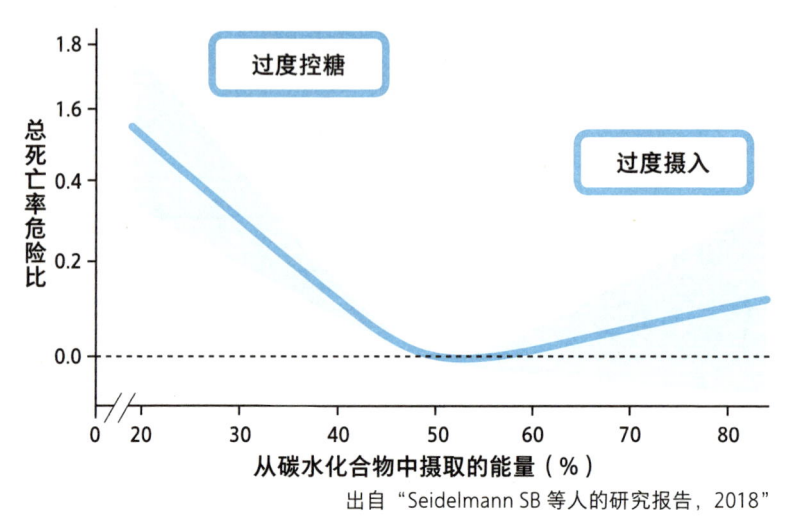

[图表：纵轴 总死亡率危险比 0.0–1.8，横轴 从碳水化合物中摄取的能量（%）0–80，曲线呈U字形，标注"过度控糖"和"过度摄入"]

出自"Seidelmann SB 等人的研究报告，2018"

图 ▶ 碳水化合物的摄取率和死亡率的 U 字形关系

行动 1 停止摄取有害的糖分

现在人们普遍关注的是一天之中应该摄取的糖分"量"，但实际上比"量"更加重要的是摄取糖分的"质"。与糖分的摄取量和卡路里量相比，**"是否容易提升血糖"**是更加重要的因素。当血糖值迅速上升的时候，胰岛素的分泌量也会随之增加。胰岛素具有将糖分转变为脂肪的作用，所以很容易使人发胖。

此外，如果胰岛素分泌得过于频繁，会使胰脏的细胞老化，难以产生胰岛素。这也是导致糖尿病的原因之一。因此，与"减少糖分的摄取"相比，停止摄取容易使血糖值上升的"有害糖分"更加重要。

最有害的糖分就是"罐装咖啡、碳酸饮料、果汁"。"1 罐罐装咖啡"的含糖量相当于 3~4 块方糖，"牛奶咖啡"的含糖量甚至相当于 10 块以上的方糖。"1 罐可乐"的含糖量相当于 14 块方糖，即便是看起来很健康的"1瓶蔬菜汁",含糖量也相当于3.5块方糖。液体中的糖分很容易被身体吸收,所以会使血糖值迅速升高。

"含有砂糖的点心"也应该尽量少吃。

主食尽量不要选择"白色碳水化合物"的白米和精粉面包,尽量选择糙米和全麦粉面包等"深色碳水化合物",这样可以有效地抑制血糖值上升,对健康很有帮助。

行动 2 选择健康的零食

当感到情绪焦躁的时候,你很可能处于"低血糖"的状态。大脑以葡萄糖为能量源,占人体总能量消耗量的20%。当身体处于低血糖状态的时候,大脑的功能会显著下降,因此下午吃一些零食补充能量很有必要。

零食可以吃一两个小包装的点心,但不能吃太多。**因为摄入太多的甜食会使血糖值迅速上升,促使身体分泌出胰岛素,导致血糖值迅速下降**,结果又出现低血糖的状态。

比较合适的零食是"坚果"。"坚果"是经过科学研究证明的"有益健康的食物"之一。养成吃坚果的习惯,能够降低30年间全部死因死亡率的20%,还能降低罹患糖尿病和心脏疾病的风险。

可能有人认为"坚果含有很高的卡路里"而对其敬而远之,但有研究结果表明,"与不吃坚果的人相比,每周吃两次以上坚果的人体重增加的概率会降低31%"。

坚果的主要成分是脂肪,同时还含有大量的植物纤维,能够降低人体吸收能量的速度,使血糖值缓慢上升。也就是说,坚果能够缓慢且持续地补充能量,是最合适的零食。**每天坚果的摄取量在"28克~57克"**

为宜，手里抓一把的坚果大约为 30 克。

事实 3　维生素营养片有效吗

在想要摄取人体所需的维生素时，吃维生素营养片似乎是非常方便的选择，但却经常有人说"维生素营养片没有效果。"

约翰·霍普金斯大学通过对营养片的研究，得出了**"维生素和矿物质营养片对心血管疾病、癌症、认知障碍、心肌梗死等疾病都没有预防效果"** 的结论。

在多达 100 种以上的维生素和营养物质之中，**只摄取单一种类的营养片，对于预防慢性病没有任何效果。**

慢性病是由于吸烟、运动不足、睡眠不足、压力、偏食等各种因素综合导致的，饮食也是因素之一。

缺乏单一的营养元素并不会立即导致慢性病，反之，补充单一的营养元素也达不到延年益寿的效果。

那么，维生素营养片真的就一点作用也没有吗？其实并非如此。

比如"维生素 B_6"是产生多巴胺、肾上腺素、去甲肾上腺素、GABA、乙酰胆碱等重要大脑物质必需的维生素。"维生素 B_{12}"也是维持大脑神经功能不可或缺的维生素。这些被称为"神经维生素"。

缺乏"神经维生素"虽然不会立即导致疾病或缩短寿命，但极有可能导致大脑的功能下降。

根据日本厚生劳动省"国民健康与营养调查"的结果，20 多岁的人在 18 种维生素和矿物质中有 16 种都比较缺乏，其中"维生素 C""维生素 A""维生素 D""钙""食物纤维"严重缺乏（不足标准值的 60%）。

虽然"尽量通过食物摄取营养"是最好的方法，但在无论如何都难以通过食物摄取的情况下，可以通过维生素营养片来补充营养。

我每天服用的维生素营养片有"复合维生素（25 种维生素和矿物质搭配的营养片）""DHA（二十二碳六烯酸，一种 Omega-3 脂肪酸）、EPA（十二碳五烯酸，一种 Omega-3 脂肪酸）""维生素 C""维生素 D""镁"等 5 种。在尽可能通过食物补充必要的营养元素的前提下，搭配维生素营养片来补充缺乏的营养元素。

希望进一步了解的人

《经过科学证明的终极饮食法》（津川有介 著）

难易度 ★★

由 UCLA（加利福尼亚大学洛杉矶分校）内科助教创作的本书，从科学的角度说明饮食方法，是我看过的同类书籍之中最通俗易懂且易于实践的一本书。本书对"Meta-Analysis""随机比较试验""观察研究"的区别和实证的强大效果进行了通俗易懂的解说。作为面向普通读者的非专业类书籍，还从没有一本书能够做到如此准确的解说。本书对"科学的根据"做了非常明确的解释与说明，同时还囊括了几乎所有关于"健康饮食"的问题，对于想要了解"健康饮食"的人，这是非常值得阅读的一本书。

健康 6　健康减肥的饮食方法

关键词 ▶ BMI（身体质量指数）、免疫力

到目前为止有许多人提出过不计其数的减肥方法，但仍然有很多"想要减肥"的人不得不面对减肥失败的现实。减肥，以及"健康的饮食方法"究竟是什么？让我们一起来看一下吧。

事实 1　"减肥"不一定等于"健康"

如果调查一下各种各样的减肥方法，就会发现即便是关于减肥的书籍中介绍的方法也经常会出现相互矛盾的情况。关于减肥和饮食方法的书籍看得越多，就越搞不明白究竟哪种饮食方法和减肥方法才是最好的。

在阅读减肥和饮食方法的相关书籍时，搞清楚"这本书是谁写的"，以及"出于何种目的写的"这两点非常重要。

如果只是以"减肥"和"增肌"为目的，那么书中介绍的方法可能会使你暂时地"瘦下来""增加肌肉"，但长期坚持可能对健康并没有好处。但如果是医师写的减肥和饮食方法，则基本是以"预防疾病"为目的，更值得信赖。

比如糖尿病专家推荐的饮食方法，肯定将重点放在"不提高血糖值""预防糖尿病"上，而像我这样的精神科医师则会将重点放在预防精神疾病上。接下来，我就将从精神科医生的角度出发，为大家介绍我关于"饮食"和"减肥"的经验。

事实 2 "瘦"并不等于健康

"瘦"和"胖",哪一个更健康呢?或许有人认为"肯定是瘦更健康了",但实际上并非如此。

试着计算一下自己的 BMI (Body Mass Index) 吧

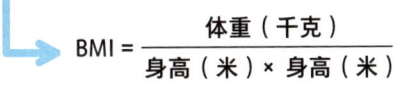

$$BMI = \frac{体重(千克)}{身高(米) \times 身高(米)}$$

状态	BMI 指标(WHO 的标准)
过瘦	16 以下
瘦	16 ~ 16.99
偏瘦	17 ~ 18.49
标准	18.5 ~ 24.99
偏胖	25 ~ 29.99
肥胖(1度)	30 ~ 34.99
肥胖(2度)	35 ~ 39.99
肥胖(3度)	40 以上

图 ▶ BMI 的标准

国际上常用 BMI 来作为衡量人体胖瘦的指标,具体的计算方法见上图。BMI 的标准值是"22",越接近"22"的人,患上高血压、糖尿病、心肌梗死等疾病的概率越低。

但针对 BMI 与寿命之间的相关性进行的研究结果表明,最长寿的 BMI 数值,日本和东亚为"24 ~ 27",欧美为"25 ~ 29"。

根据日本肥胖学会提供的基准,"18.5 ~ 24.99"归为"标准","25 ~ 29.99"归为"偏胖(肥胖1度)",因此 BMI 的数值在"标准"的上限到"肥胖（1度）"下限之间的人最为长寿。也就是说，按照寿命从高到低的顺序排列应该是"偏胖（肥胖1度）""标准""瘦""过度肥胖"。

虽然最近有许多研究结果对"偏胖"的好处进行了否定，但也有许多研究结果证明，与"标准"和"偏胖"相比，"瘦"更加有害健康。

即便如此，仍然有很多人希望"减肥""变瘦"，这完全是在缩短自己的寿命。

现在世人普遍认为"脂肪不好"，但在医学领域则认为"体脂肪＝免疫力"。脂肪少意味着"免疫力弱"，对疾病的抵抗力弱，因此很难长寿。

我曾经听一位朋友说，健美运动员很容易感冒，因为他们在比赛之前需要将体脂肪率降低9%，哪怕身边有人打个喷嚏都容易将他们传染。由此可见体脂肪减少会使人体的免疫力下降到何种程度。

此外，癌症患者之中，"瘦"的人也活不了太久。因为"瘦"的人缺乏足够的体力去抵抗化学疗法对身体的损害，所以生存率也相对较低。

不过肌肉与脂肪的比例也很重要。即便是同样的体重，"肌肉男"与"啤酒肚"的健康状况也大不相同。当然，后者的健康状况是相对差的。如果脂肪占有过高的比例，会导致出现"高血压"和"糖尿病"等疾病。因此，这种状态的"偏胖"，需要改善饮食方法和生活习惯。

虽然"过度肥胖"对健康不好，但"瘦"也不是健康的状态，希望大家能够了解这一点。

事实 3 "肥胖"不等于不健康

"标准体重但不运动的人"与"肥胖但运动的人"相比，其实后者更加健康。北卡罗来纳大学的研究表明，"肥胖但运动的人"的死亡率只有

"标准体重但不运动的人"的一半。

"标准体重"和"肥胖"相比,很多人都会认为"肥胖"不健康,**但实际上最不健康的是"运动不足"。**

负责进行上述研究的布莱尔教授指出,"肥胖的人如果能够坚持适度的运动,可以完全抵消肥胖带来的风险"。

从死因的角度来看,每年因为"运动不足"而死亡的人数多达 5.2 万人,因为"肥胖、超重"而死亡的人数为 1.9 万人,后者只是前者的 1/3 左右。由此可见"运动不足"对人体的危害接近"肥胖"的 3 倍。

事实 4　1日2餐,限制卡路里摄入是健康的吗

现在有人提倡,"为了健康1日2餐","为了激活长寿基因1日1餐"。

通过对昆虫、老鼠、猕猴等动物进行的实验,似乎确实证明了有长寿基因的存在,但如今并没有切实的证据能够证明"通过极端的限制卡路里摄入,能够激活人类体内的长寿基因,使人类长寿"。

动物实验是在无菌无毒的实验室环境之中进行的,至于在极端限制卡路里摄入的情况下,动物是否能够在野生环境下生存还是未知数。

威斯康星大学通过对猕猴进行实验,在 2009 年发表了"极端限制卡路里摄入具有长寿效果"的研究结果,引发了世人的广泛关注,但几年之后日本国立衰老研究所也进行了类似的实验,却得出了"限制卡路里摄入没有长寿效果"的结论。

根据针对百岁老人的饮食调查得出的结果,**1日3餐的人占九成**,1日2餐的人中,男性为 7.5%,女性为 5.4%。而且绝大多数人"与 70 多岁时相比,饭量没有减少","鱼、肉、蔬菜、主食都吃"。在针对日本人

的"长寿研究"之中，减少卡路里的摄取又能活到100岁以上的人几乎没有。

为了预防糖尿病和抑郁症，我也推荐大家实行1日3餐。

事实 5 "早饭"对健康有好处吗

关于早饭对健康的影响，有许许多多的研究和讨论，如果是"不吃早饭可以一整天都精神百倍、干劲十足"或者"空腹可以在上午就做完一天工作"的人，那么不吃早饭也没什么问题。

但如果有以下问题的人，还是吃早饭比较好。

应该吃早饭的人的特征：

（1）睡眠质量差，早晨起不来

（2）早晨精神恍惚，没有干劲

（3）迟迟无法进入工作状态

（4）从早晨开始就心情沉闷

（5）因为睡眠障碍而服用安眠药

在某项针对早晨习惯的调查之中，回答"不到最后一刻不愿从被窝里爬起来"的人占全部回答者的49.7%。**"早晨起不来"的人通过吃早餐可以改善身体状态，让自己在早晨的时候更有精神。**

早晨是人体在一天之中血糖值最低的时期。当人体处于低血糖状态的时候，精神容易恍惚，难以集中注意力。很多人之所以在上午的时候精神状态不好，就是因为没吃早餐导致一直处于低血糖的状态。

从精神医学的角度来看，**早餐具有"重置体内生物钟""切换副交感**

神经与交感神经""激活血清素"等作用，可以使人充满活力地开始新的一天。

吃早餐就相当于给大脑和消化器官传达出"新的一天开始了"的信号，从而使大脑与身体变得活跃起来。

许多精神疾病患者都有不吃早餐的习惯。但这会使"体内的生物钟"和"自律神经"出现紊乱，很容易引发精神疾病，以及使精神疾病更加恶化。

即便没有精神疾病，希望"上午能够精神百倍地工作"的人，也应该养成吃早餐的习惯。**即便没办法认真地吃一顿早餐，至少可以喝一碗汤、吃一根香蕉，这样也能够起到"打开身体开关"的效果。**

行动 1 细嚼慢咽

在前文中我介绍了许多"瘦"和"控制饮食"的坏处，那么"减肥"就是绝对错误的事情吗？

并不是。健康的减肥方法也是存在的。**那就是"细嚼慢咽"。**

即便吃同样的食物、同样的分量，但与狼吞虎咽的人相比，细嚼慢咽的人就不容易肥胖。

狼吞虎咽之所以容易使人肥胖，是因为吃得太快会使血糖值迅速升高，这又会刺激胰岛素的分泌，胰岛素会将糖分转变为脂肪，结果就是使人肥胖。**而细嚼慢咽会使血糖值缓慢上升，并缓慢被人体吸收，不容易使人肥胖。**

此外，咀嚼还会刺激大脑的饱腹中枢，使人产生饱腹感，这可以控制我们的食欲，防止我们过量进食。

正如我在序章之中提到过的那样，咀嚼还有激活血清素的作用，早饭细嚼慢咽可以使人一整天都充满活力。请一口饭咀嚼 30 次。虽然做起来确实很麻烦，但总比节食和减肥更容易做到。请大家一定要尝试一下。

> **希望进一步了解的人**
>
> **《名医教你提高免疫力的最强饮食法》**（白泽卓二 监修）
>
> 难易度 ★
>
> 2020 年新冠肺炎爆发之后，越来越多的人开始对提高"免疫力"的方法产生了关注。要想提高免疫力，"饮食"是非常重要的因素。本书的作者是曾经出版过 70 余本饮食与健康类书籍的医师白泽卓二，本书可以说是提高免疫力的饮食方法的集大成之作。

健康 7　正确面对嗜好品

关键词 ▶ 戒烟门诊、皮质醇

在本章的最后，让我们看一看香烟、酒、咖啡等"嗜好品"都有哪些危害，或者对人体有哪些好处。

事实 1　吸烟有害健康

香烟的外包装上都非常清楚地写着吸烟对健康的危害，几乎每一个人都知道吸烟的危害。但由于吸烟有害健康是一个非常重要的事实，所以我还是将其放在最前面说明。

有数据证明，**吸烟会使平均寿命缩短大约 10 年。**

在日本，每年有 12 万～13 万人死于吸烟，还有 1.5 万人死于被动吸烟。吸烟会导致患咽喉癌的风险增加 5.5 倍，肺癌的风险增加 4.8 倍，其他所有癌症的风险增加 1.5 倍。

虽然也有人提出"有的人吸了一辈子的烟也没有任何疾病"来进行反驳，但我站在精神科医师的角度，更担心的是吸烟对精神的影响。**吸烟者患抑郁症的风险是普通人的 3 倍，睡眠障碍的风险是 4～5 倍，认知障碍的风险是 1.4～1.7 倍，自杀的风险是 1.3～2 倍。**吸烟会降低睡眠质量，容易引发所有"因睡眠不足给健康带来的风险"。

此外，即便不会生病，吸烟也会极大程度地降低工作效率。或许有人认为"吸烟能够提高注意力"，但这种观点是完全错误的。吸烟者大多患有尼古丁依赖症，平时的注意力大幅下降，只有在吸烟之后才能恢复正常水平。**但其本人却认为这是因为吸烟使自己"注意力得到了提升"。**

吸烟者由于注意力下降容易在工作中出现失误，会增加 60% 的工伤风险。而成功戒烟的人都切实地感觉到比吸烟的时候"头脑更清醒""更能集中注意力"。由此可见，吸烟会严重降低大脑的认知功能，影响工作效率。

行动 1 戒烟的方法

对于香烟，最好的建议就是"为了健康和长寿应该立即戒烟"。但几乎所有的吸烟者都难以戒烟，因为吸烟者大多患有尼古丁依赖症，"想吸烟"的强烈欲望是"大脑发出的指令"，很难通过意志来战胜这种欲望。

不能仅凭自己的力量来戒烟，我推荐大家去"戒烟门诊"戒烟。向专家咨询、贴尼古丁贴、吃尼古丁口香糖、服用戒烟药等等。与仅凭自己的力量戒烟相比，使用上述方法，戒烟的成功率会提高 3～4 倍。

虽然尼古丁口香糖和尼古丁贴很容易就能买到，但自己一个人戒烟很容易半途而废，所以还是去戒烟门诊最好。服用医生开具的处方药，再搭配尼古丁贴，可以使戒烟的成功率提高 1.5 倍。

事实 2 酒与健康的关系

关于酒对健康的好处与坏处，有许多的研究和讨论。我们主要来看以下 4 点。

（1）"适量饮酒有益健康"是错误的

"适量饮酒有益健康"似乎是一个常识。曾经有一项研究结果得出的"J曲线"证明，与完全不饮酒的人相比，稍微喝一点酒的人死亡率更低。

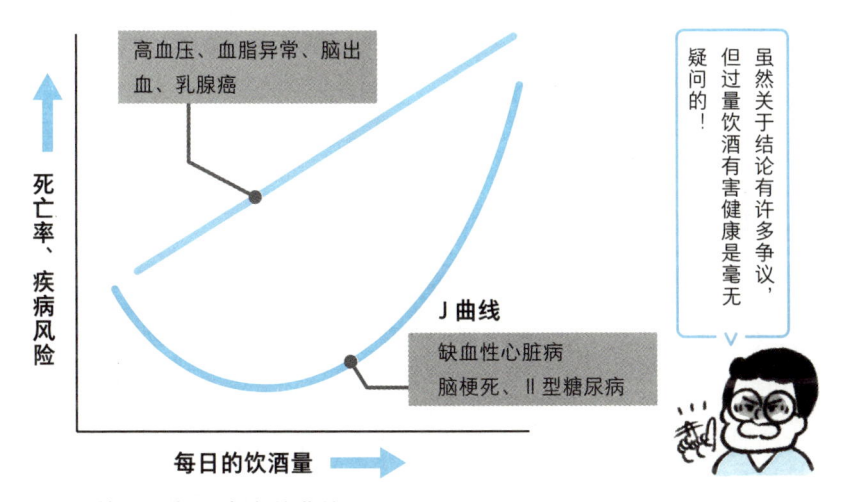

图 ▶ 饮酒量与死亡率的曲线

（图中标注：高血压、血脂异常、脑出血、乳腺癌；J曲线；缺血性心脏病、脑梗死、Ⅱ型糖尿病；死亡率、疾病风险；每日的饮酒量；虽然关于结论有许多争议，但过量饮酒有害健康是毫无疑问的！）

但最近的研究证明，少量饮酒只能降低缺血性心脏病、脑梗死，以及Ⅱ型糖尿病等个别疾病的风险，而高血压、血脂异常、脑出血、乳腺癌等疾病的风险则会随着饮酒量的增加而上升。总结下来就是，饮酒带来的好处几乎可以忽略不计，但饮酒越多罹患疾病的风险就越高。

因此，没有饮酒习惯的人千万不要因为"适量饮酒有益健康"而勉强自己去喝酒。

此外，关于"适量"具体是多少也众说纷纭。根据日本厚生劳动省的政策"健康日本21"的大规模研究结果，确定适量饮酒的范围在"每天平均20克纯酒精"。大约相当于一罐500毫升的啤酒或者一杯180毫升的日本酒。

啤酒	日本酒	威士忌	烧酒（25度）	红酒	果酒（7%）
1罐	1合①	1杯②	半杯	2杯	1罐
（500毫升）	（180毫升）	（60毫升）	（100毫升）	（200毫升）	（350毫升）

图 ▶ 不会损害健康的每日饮酒量

（2）饮酒越多越有害健康

饮酒一旦超出"适量"的范围，就会极大地增加罹患慢性病（高血压、脑中风、血脂异常、糖尿病）、癌症、肝功能损伤、精神疾病的风险。此外，过量饮用啤酒还会增加痛风的风险。

根据"健康日本21"给出的基准，提高慢性病风险的每日饮酒量危险线为酒精40克，过量饮酒的危险线为60克。一天喝3罐500毫升的啤酒，就属于过量饮酒。

（3）不要每天都饮酒

即便控制在"适量"的范围内，但如果每天都饮酒的话也对健康非常有害。因为每天都饮酒会使肝脏不停地分解酒精而得不到休息，长期下去会导致肝功能恶化。此外，每天饮酒还会极大地提高酒精依赖症的风险。一年之中每天都饮酒的人就很可能存在酒精依赖症。如果有饮酒习惯的话，每周至少要有2天以上的时间不饮酒，让肝脏得到充分的休息。

---

① 合是日本酒的计量单位，1合为180毫升，10合为1升。
② 威士忌国际标准杯的一杯的量。

（4）饮酒严重危害精神状态

饮酒会降低睡眠质量，是导致睡眠障碍的主要原因之一。饮酒还会极大地提高罹患精神疾病的风险。过量饮酒的人罹患抑郁症的风险是不饮酒人的 3.7 倍，认知障碍的风险是 4.6 倍，自杀风险是 3 倍。

患有精神疾病的人在进行治疗的过程中必须"戒酒"。在仍然保持饮酒习惯的情况下，患者的睡眠质量难以得到提高，严重影响治疗效果。

"饮酒能够缓解压力"的说法没有任何的科学依据。饮酒反而会增加压力荷尔蒙皮质醇的分泌。长期饮酒会导致人的抗压能力下降，很容易出现"抑郁"的症状。在压力不断积累的情况下，如果再过量饮酒，只会使人在通往"抑郁"的道路上越走越远。

酒精能够促使大脑神经分泌出一种抑制大脑兴奋的物质——GABA（γ-氨基丁酸）。**也就是说酒精具有和镇静剂类似的效果，但这样做只不过是在逃避问题**，并不能解决问题，结果只会使压力越来越大。因此不要依赖饮酒来缓解压力。

行动 2 正确的饮酒方法

很多人都喜欢将"晚上喝一杯"作为一天之中的放松时刻，但在家里自酌自饮，一不小心就容易饮酒过量。尤其是有晚酌习惯的人，几乎每天晚上都会饮酒，要想控制饮酒量非常困难。**因此最好的做法就是不要在家饮酒。**

我其实也很喜欢饮酒，但我给自己规定尽量不在家饮酒。我每周大约喝 2~3 次酒，都是在外面吃饭时饮酒。如果每周只喝 2 次酒的话，即便一次喝 3 杯啤酒，也不会超出一周的适量饮酒范围。

此外，我认为正确的饮酒方法应该是享受饮酒。将饮酒作为一种庆祝或者对自己的奖赏，与亲朋好友一边聊天一边愉快地饮酒。

表 ▶ 饮酒方法

正确的饮酒方法	错误的饮酒方法
享受饮酒，作为庆祝或奖赏	排解压力，一边喝酒一边抱怨
与亲朋好友一起饮酒	独自饮酒
每周至少2天让肝脏休息	每天都饮酒
适量饮酒，饮酒的同时多喝水	过量饮酒，只喝酒不喝水
酒醒之后再睡觉	醉酒睡觉

> 酒和烟都要"适量"……吃饭也应该吃八分饱……工作虽然不能偷懒也不能做得太累……运动也同样应该适可而止……无论做任何事都应该留有余地，这样一切才会变得顺利。
>
> ——斋藤茂太（精神科医师）

事实 3 咖啡和茶有什么好处

最后为大家介绍的嗜好品是咖啡和茶。**这些饮品之中含有大量的抗氧化物质，对健康非常有好处。**

咖啡作为风靡全球的饮料，有许多相关的研究报告，以下的这些效果都有非常准确的科学依据。

此外，日本国立精神·神经医疗研究中心针对绿茶的研究表明，"每

表 ▶ 咖啡的效果

1. 降低 16% 的死亡率
2. 降低罹患各种癌症的风险（可降低女性患结肠癌、肝细胞癌、前列腺癌、口腔癌、食道癌等癌症的风险 50% 以上）
3. 降低胆结石的发病率 45%
4. 降低罹患心脏疾病的风险 44%
5. 降低罹患糖尿病的风险 50%
6. 具有预防白内障的效果
7. 降低罹患抑郁症的风险 20%
8. 降低罹患阿尔茨海默病的风险 65%
9. 促进多巴胺分泌
10. 提高专注力、注意力和短期记忆与反应速度（摄取咖啡因的驾驶者发生事故的概率会降低 63%）
11. 提高胖人脂肪燃烧率 10%，瘦人脂肪燃烧率 29%
12. 提高肌肉持久力，使人能够长时间运动也不会感觉疲劳

> 上述研究结果大多都是在摄取 4 杯以上咖啡的情况下得出的！

天喝 4 杯以上绿茶的人出现抑郁症的可能性只有普通人的一半"。这可能是绿茶之中富含的"茶氨酸"与"儿茶酸"产生的效果。

"茶氨酸"经常被用作促进睡眠的营养剂，具有使人放松的效果。

"儿茶酸"具有很强的抗氧化作用以及消除活性氧的作用，还能够抑制胆固醇和血糖值的上升，可以说好处多多。

我每天早晨都有喝茶的习惯。优质的茶叶能够冲泡 5～10 杯，与只能冲泡 1 杯的咖啡相比，性价比极高。

> 咖啡是一种能喝的魔法。
>
> ——凯瑟琳·M.瓦伦特（美国小说家）

行动 3　正确的喝咖啡和茶的方法

咖啡和茶之中都含有"咖啡因"。咖啡因具有使人兴奋的作用。因此，早晨喝咖啡激活大脑从科学的角度上来说是正确的做法。

此外，因为咖啡因还有使人放松的效果，所以在白天休息的时间喝一杯也很有好处。不过，**咖啡因的衰减期为 4～6 小时**，要完全吸收需要很长的时间。

晚饭后喝咖啡容易导致失眠，因此晚上应该尽量不喝咖啡。为了不影响晚上的睡眠，最好在下午 2 点之后就不再继续摄入咖啡因。

在喝咖啡和茶的时候绝对不要加入太多的糖。甜味的咖啡会使血糖值迅速上升，如果一天喝很多杯的话，会大幅提升罹患糖尿病的风险。在我的患者之中就有非常喜欢喝罐装咖啡的人，他每天都会喝 4 罐咖啡，结果年纪轻轻就得了糖尿病。

最好喝黑咖啡，或者只放很少量的糖。此外，咖啡店里的"卡布基诺""焦糖玛奇朵"等咖啡含有大量的糖分，需要特别注意。每天适当的砂糖摄取量为 3 茶匙，希望大家能够注意这一点。

罐装咖啡、速溶咖啡、瓶装茶饮料等市面上销售的饮品，其中含有的健康成分与冲泡的咖啡和茶相比大幅减少。

用咖啡豆和茶叶冲泡出来的咖啡与茶,才能达到最好的健康效果。因此,尽量不要在便利店或自动贩卖机上购买这些饮料,养成在家自己冲泡的习惯,这样做还有调节自己情绪的好处。

虽然前面我介绍了许多咖啡和茶的好处,但也有人因为遗传的关系对咖啡因过敏。

这样的人如果喝太多的咖啡和茶,会提高出现心肌梗死的风险。最近的研究结果发现确实存在**对咖啡因过敏的遗传基因**。对咖啡因过敏的人比普通人代谢咖啡因的速度更慢,喝咖啡之后会出现"睡不着觉""感觉疲惫"等状况,即便不进行遗传基因检查,也可以通过这些症状来判断自己是否对咖啡因过敏。

虽然喝咖啡和茶有很多的好处,但对于不能喝的人来说,最好不要勉强自己大量饮用。

希望进一步了解的人

《轻轻松松成功戒烟》（川井治之 著）

难易度 ★

什么是"尼古丁依赖症"？它都有什么特征？正所谓知己知彼百战百胜，在不了解"敌人"的情况下，盲目戒烟只能以失败告终。当了解了"身体依赖""习惯依赖""心理依赖"这3种类型的依赖之后，采取正确的应对办法，就可以使戒烟的成功率得到极大的提升。在开始戒烟之前，首先掌握基本的戒烟知识，能够达到事半功倍的效果。

《哈佛医学教授教你正确的健康知识》（桑吉夫·乔普拉 著）

难易度 ★★

本书从无数种健康理论中，选出最有科学依据且最有效果的5种健康方法，并进行了非常详细的说明。这5种分别是"咖啡""运动""维生素D""坚果""冥想"。关于咖啡的健康效果，本书是解说最为详细的一本。

第 5 章

整理内心成为
"全新的自己"

心理

心理 1

怎样才能改变自己

关键词 ▶ **正面思考、认知行为疗法**

某项针对 7 个国家（包括日本）年轻人的意识调查（2013 年）结果显示，在日本的年轻人中，"对自己感到满意"的比例为 45.8%，这个数字在 7 个国家之中排名最低。

这说明有超过一半的日本年轻人对自己感到不满意，其中还有许多"希望能够改变自己的性格和外貌"的人。

事实 1 "改变性格"永远没有尽头

事实上，根本没有改变性格的必要。从精神医学的角度来说，一个人要想改变性格至少需要 3 年的时间，所以即便决定"从明天开始改变自己"也往往很难坚持下去。

此外，即便因为"想要改变自己内向的性格"而积极地展开社交活动并坚持好几年，但几年之后你又会发现自己出现了"其他的缺点"，**如果一直尝试改正自己的缺点，就会陷入无限的循环之中**。一旦开始想要改正缺点，就会花费一生的时间。

比如做整容手术的人，首先从割双眼皮开始，然后又觉得鼻子太矮而增高了鼻梁，接着削了下巴……结果只能不断地做手术，调整自己感到不满意的地方。

没有人的性格是完美的，就像没有人的容貌是完美的一样。

行动 **1** **不要改变性格，而是要改变行动**

不过，如果你属于"非常内向，不敢和别人说话，也不敢看对方的眼睛，几乎无法与他人正常交流"的性格，并且这种性格已经对自己的社会生活造成了障碍，那就有必要做出一些改变。但需要注意的是，**不需要改变性格，只要改变行动即可。**

> 一个人的性格是其行动的结果。
> ——亚里士多德（古希腊哲学家）

如果想改变内向的性格，就在上班的时候微笑着对所有擦肩而过的同事打招呼。

如果不敢看对方的眼睛，就看着对方的脸打招呼。只要坚持一周左右，周围人对你的印象就会大为改变。

当然，你内向的性格不可能在一周内彻底改变，但通过改变行动，至少能够赢得他人的好感。只要能够改变周围人的看法，就能解决问题。

只要在他人眼中，你从一个"内向的人"变成"热情的人"，这就足够了。

要想改变行动，使用前文中介绍过的"降低行动难度"的方法十分有效。可以像下面这样将具体内容都写出来。

> 想要改变的性格是什么？
> → 将内向的性格变外向
>
> **改变性格的 3 个行动**
> → 1. 早晨微笑着对大家打招呼
>   2. 需要大家提出意见的时候，第一个举手提出意见
>   3. 对初次见面的人自己主动提出问题

图 ▶ 改变性格与行动的输出示例

事实 2　集中提升与展现优点

请观察一下你身边优秀的人。他们肯定有非常突出的优点，同时一定也有许多缺点。但只要优点特别突出，那么其他的小缺点就会自然而然地被忽略。**当一个人被另一个人吸引的时候，肯定是因为对方的优点，而不是缺点。**这一点无论在男女关系、朋友关系还是职场之中都成立。

"没有缺点的人"并不吸引人，"有优点的人"才吸引人。也就是说，无论你怎样改正自己的缺点，都无法得到他人的关注。

人在年轻的时候往往更重视改正自己的缺点，而随着年龄的增长，越会认识到发挥优点的重要性。因为经过许多年的尝试，你会发现单纯地改正缺点毫无意义。

如果因为改正缺点而感到烦恼的话，不妨试试发挥自己的优点。

行动 2　写"内容积极的 3 行日记"

为了将注意力从自己的缺点转移到自己的优点上,必须提高"正面思考"的能力。有一个每天只需要 3 分钟就能锻炼正面思考能力的方法,那就是**写"内容积极的 3 行日记"**。

写内容积极的 3 行日记操作起来其实非常简单,只需要在每天晚上写出 3 件当天自己感觉快乐的事,或者积极的事。比如像下面这样的内容。

(1)白天去了新开业的拉面店,里面的拉面很好吃。
(2)我提交的企划方案得到了意料之外的好评。
(3)今天提前完成了工作,去健身房出了一身汗,十分畅快。

请在睡前 15 分钟之内写这个日记。睡前是记忆最容易保留下来的"记忆黄金期",利用这段时间回顾一天之中开心的事情,是锻炼正面思考最好的方式。**千万需要注意的是不要写负面的内容。**最好忘记容易引发负面思考的事情。

或许有人会说:"我根本想不出 3 件开心的事。"但正因为如此,**才更要努力地去想,这样才能锻炼自己正面思考的能力。**一开始哪怕写"今天天气很好""午饭很好吃"也可以,逐渐地将内容转变到自己的行动、思考和感情上。

内容积极的日记写得越多效果越好,3 行只是最低的标准,如果能写得更多的话就尽量多写一些。

这种方法在心理学上被称为**"认知行为疗法"**,是一种非常有效的心理疗法。能够使人注意到事物"好的一面",提高正面思考的能力。只要将注意力集中到自己的优点上,就自然不会在意自己的缺点了。

希望进一步了解的人

《彻底改变》(山崎拓巳 著)

难易度 ★

虽然"无法改变自己的性格""无法改变他人",但如果将注意力集中在"改变行动"上并且长期坚持下去,那么无论是自己的性格还是他人都是可能改变的。本书介绍了许多"改变自己性格"的提示和建议,而且内容非常通俗易懂,即便是有阅读障碍的读者也可以直观地理解其中的内容。非常推荐大家阅读这本书。

心理 2　提高自我肯定感的方法

关键词 ▶ **自我否定感、自我接受**

大家对"自我肯定感"这个词应该并不陌生吧。不过不同的研究者对于自我肯定感的定义却存在微妙的差异,因此提出提高自我肯定感的方法也是各不相同。

比如阿德勒心理学认为"重要的不是自我肯定而是自我接受"。因为对消极的人来说,即便勉强发出肯定的信息也难以提高自我肯定感。

接下来,我将为大家介绍我整理的提高自我肯定感的方法。

事实 1　自我肯定感与自我否定感

自我肯定感究竟是什么?用心理学词典中的定义来解释的话,就是"相信自己的可能性,拥有自己能够做到的自信,对自己有肯定的认识"。但这个解释也让人有点似懂非懂的感觉。

表 ▶ **自我否定感与自我肯定感**

自我否定感	自我肯定感
认为自己做不到	认为自己能做到
认为自己的人生没有价值	认为自己的人生有价值
渴望消失	有自己的见解
认为自己不被需要	认为自己被需要
讨厌自己	喜欢自己
认为自己享受人生是一种罪过	渴望享受人生
活得不快乐	每天都很快乐
想死	想活着

自我肯定感一般用"高"和"低"来表达，而"自我肯定感低"这个概念如果换个通俗易懂的说法就是**"自我否定感"**。

认为"我不行""我做不到""我没有存在价值"，就是自我否定感。

反之，认为"我行""我有价值""我每天都很快乐"就是自我肯定感。如果不用自我肯定感的高和低来表现，而是从自我肯定感和自我否定感的角度来思考，就会很容易判断出自己属于哪一种类型。

存在自我否定感的人，即便得到他人的表扬和鼓励，也会认为对方并非发自内心地肯定自己。即便在工作上取得了成功，也会认为只是碰巧运气好而已。也就是说，**存在自我否定感的人对所有的事情都会加上"负面"的滤镜。**

这样一来，即便得到他人的认可，也无法积累成功体验。

事实 2 用"自我接受"来消除自我否定感

居住在"自我否定的世界"里的人要怎样才能转换到"自我肯定的世界"呢？最好的办法就是**"自我接受"**。

为了彻底消除自我否定感，首先要"自我接受"。毫无保留地接受这个拥有许多缺点、总是失败、负面的自己。**认为"现在这样就好""做真实的自己""像现在这样生活"就是"自我接受"。**

在幼年时期遭到过家长的否定和虐待的人，会产生"自己不应该活在这个世上"的想法。

"自我接受"就像是通往"自我肯定的世界"的"大门"，如果不能走过这个"大门"，就无法实现"自我肯定"。

存在自我否定的倾向的人,无论给出什么样的建议也没有用,首先必须让他做到"自我接受",从自我否定的世界中走出来,这才是最重要的。

> 顺其自然就好,除了顺其自然之外也别无他法,只能顺其自然。
> ——森田正马(精神科医师,森田疗法的创始人)

行动 1 写"自我接受的 4 行日记"

那么,为了让拥有自我否定感的人实现"自我接受",应该怎样做才好呢?我的建议是写**"自我接受的 4 行日记"**。

在上一节中我介绍了"内容积极的 3 行日记"的写法。"自我接受的 4 行日记"只需要在"内容积极的 3 行日记"之前增加"1 行负面内容"即可。

将负面的内容写出来,有助于消除压力,但如果总是重复这种行为,会有强化"负面记忆"和"负面思考"的危险。因此,在写出"1 行负面内容"的同时,还要写出相应的"反馈",这是实现"自我接受"的秘诀。

如果能写出"下次努力就好""没必要在意这些"之类对自己进行支持和鼓励的反馈当然最好,但恐怕很多人都做不到吧。

在这种情况下,**可以写出"现在这样就好""没关系"之类自我接受**

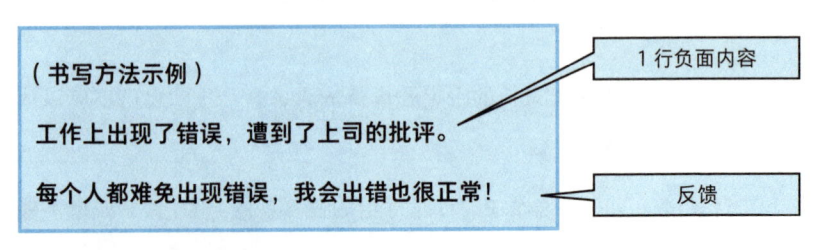

(书写方法示例)

工作上出现了错误,遭到了上司的批评。 ← 1 行负面内容

每个人都难免出现错误,我会出错也很正常! ← 反馈

图 ▶ 写出 1 行负面内容

的反馈。

即便心中认为不应该这样写，也请大胆地写出来。因为只要写出来就可以使你的大脑接受这种思维方式，逐渐地使自己发生"小变化"和"微成长"。

这样你就能够按照"自我否定→自我接受→自我肯定"的顺序一步一步地走上来。

此外，在"1 行负面内容"之后请一定要写出"3 行积极内容"。**用积极的态度做最后的收尾极为重要。**大家可以参考下面的示例，为自己的一天画上一个完美的句号。

（书写方法示例）

工作上出现了错误，遭到了上司的批评。
每个人都难免出现错误，我会出错也很正常！

1. 白天去了新开业的拉面店，里面的拉面很好吃。
2. 我提交的企划方案得到了意料之外的好评。
3. 今天提前完成了工作，去健身房出了一身汗，十分畅快。

今天也是快乐的一天！

→ 3 行积极内容

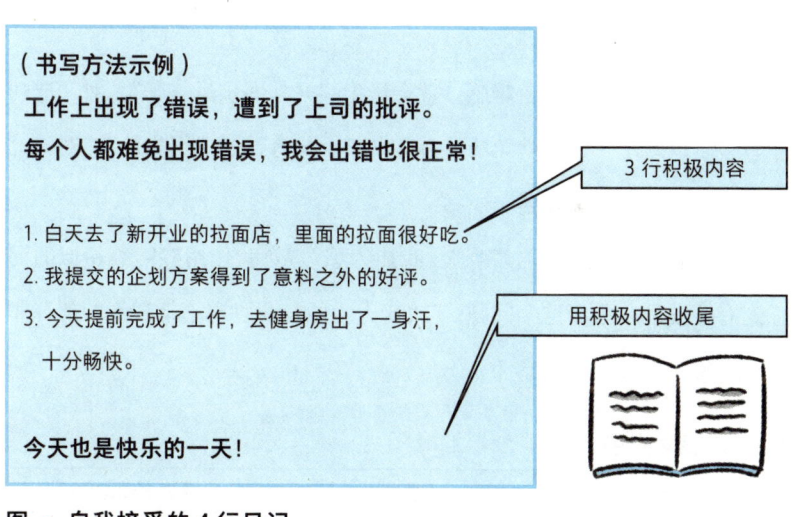

→ 用积极内容收尾

图 ▶ 自我接受的 4 行日记

事实 3　自我肯定感与自信的区别

说到自我肯定感，很容易使人联想到另一个词，那就是"自信"。我们在鼓励别人的时候也经常会说："拿出自信来！"但实际上只有想法是

275

无法使人自信的。接下来让我们整理一下自信的概念吧。

我将自信的概念整理成了一个公式。

> 【自信的公式】自我肯定感 × 经验 = 自信

也就是说，**通过提高自我肯定感，不断地积累成功经验，就能够使人自信。**

比如你在考试中取得了好成绩。

如果你拥有自我肯定感，就会认为"我的努力得到了回报""幸亏之前认真地学习了""只要我继续努力就能取得好成绩"，用积极的态度使自己自信。

但如果你拥有自我否定感，就会认为"只是偶尔运气好"，对"成功经验"予以否定，这样就无法使自己自信。**与考试的成绩相比，"对待成绩的态度"其实更加重要。**

此外，很多人对"自尊""自我能力感""自我作用感"等相似的词感到有些混乱。关于这个问题，《改变人生的自我肯定感笔记》的解释非常通俗易懂，大家可以参考。

表 ▶ 自我肯定感

	6种感觉	意义	用树木做比喻
自我肯定感	自尊感	认为自己有价值	根
	自我接受感	能够接受真实的自己	树干
	自我能力感	认为自己能做到	树枝
	自我信赖感	相信自己	树叶
	自我决定感	认为自己能够做出决定	花
	自我作用感	认为自己能够发挥作用	果实

《改变人生的自我肯定感笔记》（中岛辉 著）

提高自我肯定感最大的好处在于，能够**"使自己敢于尝试新的挑战"**。自我肯定感高的人，行动会变得更加积极，减少自我厌恶的情绪，消除自己的自卑感。最终使自己变得充满自信，无论是感情还是工作都会变得更加顺利。如果用消极的眼光看待所有事的话，既无法享受人生，也不会感到幸福。

> **希望进一步了解的人**
>
> ### 《改变人生的自我肯定感笔记》（中岛辉 著）
>
> 难易度 ★
>
> 本书通过 10 个以上具体的实践，对自我肯定感进行了非常通俗易懂的解说。绝大多数人在看完书之后都不会实践书中的内容，但本书中列举的实践内容都非常简单而且很容易取得成果，因此推荐大家尝试一下。
>
> ### 《这样就好》（细川貂貂、水岛广子 著）
>
> 难易度 ★
>
> "这样就好"仿佛一句魔咒，可以使消极的人也能够接受自己。这本书能够让被自我否定感束缚的人接受自己，迈出崭新的一步。书中的内容都有科学依据，而且实践起来非常容易。细川貂貂的漫画风趣幽默，极大程度地降低了阅读的难度，请通过本书迈出自我肯定的第一步吧。
>
> ### 电影《冰雪奇缘》
>
> 难易度 ★
>
> 这部迪士尼的动画电影，可以看作是主人公"艾莎"走出自我压抑、自我否定的世界，来到自我接受、自我肯定的世界的故事。电影的插曲 *Let It Go*（《随他吧》）可以说是对这个故事最好的诠释，也带给观众巨大的冲击。这是一部能够让人切实地理解什么是"自我接受"的电影。

心理 3　"容易紧张"怎么办

关键词 ▶ 去甲肾上腺素、1分钟深呼吸、血清素

某项关于"紧张"的调查结果显示，回答"容易紧张"的人超过80%。对于"在什么情况下会感到紧张"这个问题，回答集中在"说明会""考试、面试""演奏会、发表会""与陌生人初次见面"等情况上。

表 ▶ 什么情况下会感到紧张

1. 在很多人面前发言、演讲	82.2%
2. 与陌生人初次见面	36.5%
3. 来到新的职场和工作岗位、人事调动	35.6%
4. 会议上进行报告、说明	27.8%
5. 发表会、演奏会	26.7%

如果在面对上述情况的时候能够不紧张，发挥出自己全部的实力，那么人生一定会产生巨大的改变。

其实人类在很早以前就已经开始研究导致紧张的原因，并且对其原理进行了非常详细的分析和说明，确立了应对紧张的方法。只要了解这些知识，掌握应对紧张的方法，任何人都能够控制自己的紧张情绪，也不会再因为紧张而失败。

事实 1　紧张是我们的"朋友"

如果我说"紧张是一件好事"，或许会遭到很多人的反驳吧。但在脑科学和心理学领域，早在 100 年前就已经证明了适度的紧张的好处。

心理学家耶克斯博士和多德森博士在 1908 年进行了一项研究，他们训练小白鼠区分黑色和白色的标志，当小白鼠判断错误时就会遭到电击。结果表明，遭到适当强度电击刺激的小白鼠学习的速度最快，而电击刺激太强或太弱的话，都会降低小白鼠的学习能力。

也就是说，**一定程度的紧张感和紧迫感，能够提高行动表现。**由此可见，适度的紧张并不是我们的敌人，而是我们的朋友。

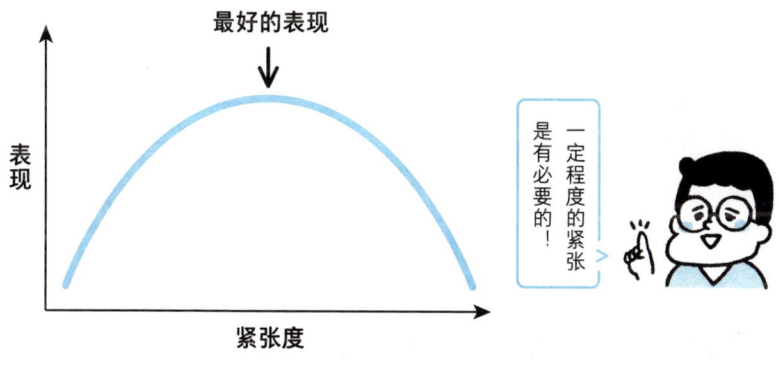

图 ▶ 耶克斯-多德森定律

适度的紧张状态能够促进去甲肾上腺素的分泌。去甲肾上腺素能够提高我们的注意力和判断力，使大脑的运转速度得到飞跃性的提升。

但过度的紧张却会使我们的大脑变得一片空白，肌肉也变得僵硬，反而会影响发挥。

行动 1 养成在紧张时用语言安慰自己的习惯

绝大多数人在感到紧张的时候都会不由自主地说出"啊，好紧张，要是失败了的话怎么办……"之类负面的语言。但这些负面的思考和语言会使人感到不安,变得更加紧张。

在这种时候,最好将负面的语言变成正面的语言,比如"现在的紧张情绪刚刚好,能够使我发挥出全部的实力"。还可以更简单地只说一句"超常发挥"。最好养成在紧张的时候就用这些话来自我安慰的习惯。

紧张并不是"失败的预兆"而是"成功的预兆"。用积极的心态去面对紧张的情绪,享受紧张带来的正面效果,你就一定可以发挥出全部的实力。

> 那些知名的搞笑艺人其实都很容易紧张的。大家都很紧张,所以才表演得这么努力。
>
> ——明石家秋刀鱼(搞笑艺人)

事实 2　睡眠不足会导致紧张

在考试之前熬夜复习,在重要的会议之前熬夜做准备,你是否有过这样的经历?

"睡眠不足"是导致紧张的重要因素之一。睡眠不足会使交感神经处于活跃状态。即便是健康的人,熬夜也会使血压升高10毫米汞柱左右,**而血压升高会打开交感神经的开关,使人处于"容易紧张的状态"。**

熬夜复习考试内容和准备会议,只会使自己在临场的时候处于"紧张的疯狂状态"。

行动 **2** **保证充足的睡眠**

如果想要控制紧张的情绪，最好的办法就是"保证充足的睡眠"。只要保证 7 小时以上的睡眠，就可以让交感神经彻底地稳定下来。

但也有人说，"我明明睡了 7 个小时，可还是非常紧张"。这样的人属于平时长期处于睡眠不足的状态，比如平时睡 5 个小时，只有 1 天睡 7 个小时，并不能立刻使自己变成"副交感神经处于优势的人"。

这就和治疗高血压的人只有一天保证了充足的睡眠，并不会使血压立即下降是同样的道理。但有研究结果表明，患有高血压的人只要坚持一周充足的睡眠（保证 7 小时睡眠时间），就可以使血压平均下降 8 毫米汞柱。

要想提高自己对紧张的抵抗力，最好养成保证 7 小时睡眠的习惯。 感觉自己睡眠不足的人，从今晚开始就好好地睡觉，这样才能使自己变成"不容易紧张"的人。

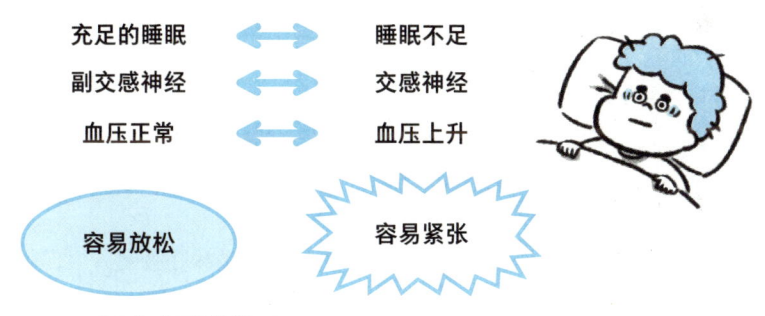

充足的睡眠	⇔	睡眠不足
副交感神经	⇔	交感神经
血压正常	⇔	血压上升

容易放松　　容易紧张

图 ▶ 睡眠与紧张的关系

事实 **3** **血清素过低会使人容易紧张**

容易紧张的你，平时是否有"容易焦躁""易怒""情绪不稳定"的倾向？或者有"提不起干劲""早晨起不来"等抑郁的症状表现？

如果你有符合上述其中一项或多项的情况，就需要考虑自己是否"血清素过低"。血清素又被称为"大脑的指挥官"，就像战场上的指挥官会指挥士兵一样，当去甲肾上腺素分泌过多的时候，血清素也会对其进行控制。

反之，如果血清素过低，去甲肾上腺素的分泌就会失去控制，使人很容易产生紧张和不安的情绪。

容易紧张的人和情绪不稳定的人，很有可能是血清素的分泌太少。也就是说，如果能够激活血清素，就能够有效地控制自己紧张的情绪。

最有效地激活血清素的方法就是前文中提到过的"早起散步"。只要养成这些良好的习惯，就可以控制紧张的情绪。

行动 3　1分钟有效缓解紧张的方法

接下来，我将为大家介绍一些在感到紧张的时候能够非常有效地缓解紧张的方法。在保证充足的睡眠和坚持每天早起散步的基础上，大家还可以再尝试以下这些方法。

（1）正确的深呼吸

说起缓解紧张的方法，很多人首先想到的就是深呼吸吧。但你是否有过"虽然做了深呼吸，但紧张却并没有缓解"的经历呢？

之所以会出现这种情况，**是因为你采用了错误的深呼吸方法。**如果正确地进行深呼吸，就可以使副交感神经处于优势地位，让紧张的情绪得到减轻和缓解。

首先深深地吸气，然后用吸气2倍以上的时间呼气，这才是正确的

深呼吸方法。如果呼气的时间没有达到 2 倍以上，反而会刺激交感神经，使人变得更加紧张。此外，在呼气的时候持续 10 秒以上（如果有可能的话最好持续 20 秒以上），采取腹式呼吸法将体内的空气全部呼出非常重要。如果不能正确地进行深呼吸，就无法将缓解紧张的效果全部发挥出来。大家可以参考下表的时间来进行深呼吸。

表 ▶ 1 分钟深呼吸法

参考时钟上的时间

1. 用鼻子吸气 5 秒（5 秒）
2. 用嘴巴呼气 10 秒（10 秒）
3. 继续呼气 5 秒，将肺部的空气全部呼出（5 秒）

重复上述 20 秒的深呼吸 3 次（60 秒）

（2）伸展背部肌肉

伸展背部肌肉能够迅速地消除紧张的情绪。这是因为"姿势"与血清素之间存在着相关关系。**舒展背部肌肉、改善姿势的动作能够激活血清素，减轻紧张感。**

感觉紧张的人，身体肯定是前倾的姿势。

如果是坐着的时候，首先伸展背部肌肉，摆出自己感觉最舒服的姿势，然后按照前面的方法正确地进行深呼吸。

如果是站着的时候，请想象头部上方有一根线在拉扯自己，笔直地伸展背部，不要去思考"别紧张"，将全部注意力都放在伸展背部上。

（3）保持微笑

感觉紧张的人，脸上的表情也很僵硬。在这种情况下，如果能"保持微笑",就可以消除紧张感。

比如在与别人说话或者会议上进行说明时,尽量在说话时保持微笑。**与"姿势"一样,"表情"也和血清素之间存在着相关关系。**即便你其实并不高兴,但只要做出微笑的表情,就可以激活血清素,提高自己应对紧张的能力。

希望进一步了解的人

《适度的紧张能够使能力提升一倍》
(桦泽紫苑 著)

难易度 ★★

推荐这本书恐怕有自吹自擂的嫌疑,但这是我阅读了几十本关于"控制紧张情绪"的书籍,对所有缓解紧张的方法进行科学验证,最终选出了科学有效的 33 个缓解紧张的方法整理而成的一本书。作为一本控制紧张情绪的百科词典,你必然能够在其中找到对自己有帮助的内容。

心理 4　控制愤怒情绪的方法

关键词 ▶ 肾上腺素、镜像神经元

因为心情烦躁而忍不住爆粗口、发脾气，这样的经历想必每个人都有过吧。

愤怒的情绪往往会给我们的人际关系带来极大的麻烦，而且事后还会使人感到非常后悔，因此必须特别注意。在这一节中，我就将为大家介绍控制愤怒情绪的方法。

事实 1　觉察愤怒的情绪

人在愤怒的时候往往会陷入失去理智的状态，无法控制自己的情绪和行为。

因此，认识到"自己处于愤怒状态"，也就是觉察愤怒的情绪非常重要。如果能够事先发现"我似乎要愤怒了""这样下去我就会失控""我感觉很焦躁"之类"愤怒的征兆"，就可以有意识地控制自己愤怒的情绪。

如果将愤怒看作是一匹烈马，那么"觉察愤怒的情绪"就是"握紧缰绳"。当你感觉马即将失控，就要握紧缰绳将其控制住。因为如果不握紧缰绳，就会从失控的马背上摔下来。

行动 1　提醒自己"我生气了"

那么，怎样才能觉察到自己愤怒的情绪呢？

其实方法很简单，只需要在"愤怒的情绪即将爆发的时候"在心中对自己说"我生气了"。

"我生气了。我生气了。我生气了。"请在心中默念 3 次。如果是周围没有其他人的情况下，也可以将这句话说出来。或许有人怀疑"这么简单就可以吗"，但只要你实际尝试一下就会发现，这个方法其实非常有效。

如果这样仍然无法控制住自己的愤怒情绪，就继续在心中分析自己的状态，比如"我现在感到非常地生气，我觉察到了自己愤怒的情绪，但是我无法控制这种愤怒的情绪，我也意识到了这一点"。

愤怒是一种突然爆发的情绪，因此很难将其按压下去。对待愤怒的情绪堵不如疏，不要尝试去压抑愤怒之情，而是站在客观的角度审视"愤怒的自己"。

分析自己的情绪变化，就好像在第三者的视角摆了一台摄像机，而自己则像是通过电视屏幕观看"正在与他人发生争执的自己"。只要做到这一点，就差不多控制住了自己的愤怒之情。

事实 2 了解愤怒的真面目

"愤怒"究竟是什么？如果从脑科学和身体的角度对愤怒进行分析的话，**愤怒就是"肾上腺素上升"和"交感神经兴奋"**。

由于身体发生的这些变化，使我们呼吸急促、血液上涌，陷入愤怒的状态。

也就是说，只要能够控制住"肾上腺素"和"交感神经"，就能够切实地控制住愤怒的情绪。

行动 ② 利用"6秒规则"度过愤怒的高峰期

据说肾上腺素分泌的高峰期是愤怒的情绪爆发之后"6秒"。也就是说，只要能够度过最初的6秒钟，接下来我们就能够逐渐地恢复冷静。这也是愤怒的"6秒规则"。

在大脑之中缓慢地从1数到6，或者缓慢地按顺序说出眼前能够看到的6个物体的名字，比如"桌子、荧光灯、窗帘、书架、冰箱、钟"。

也可以在心中重复"我生气了，我生气了，我生气了"来度过这6秒钟。

行动 ③ 利用"40秒规则"让愤怒的情绪冷静下来

不过，有时候即便利用"6秒规则"度过了"愤怒情绪的高峰期"，焦躁的情绪却仍然没有消失。因为肾上腺素分泌出来之后需要一段时间才能减少。

像肾上腺素这样的生理活性物质，从最高的峰值降低到一半左右的时候，效果就会大大减弱。其浓度从峰值降低到一半所需的时间被称为"半衰期"。

肾上腺素分泌6秒后在血液中的浓度达到峰值，但因为不会被瞬间代谢掉，所以在随后的10~20秒之中仍然保持有一定的浓度，使我们感觉焦躁不安。

肾上腺素的半衰期是"40秒"。也就是说，要想完全控制住自己的愤怒情绪，就必须充分地利用好"6秒规则"和"40秒规则"。

愤怒的峰值

40 秒之后肾上腺素的浓度就会降低一半！

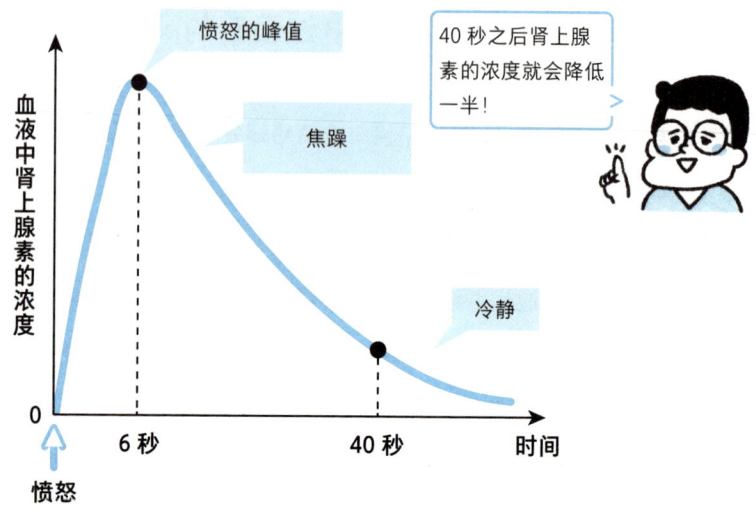

血液中肾上腺素的浓度

焦躁

冷静

0　　6 秒　　　40 秒　　时间

愤怒

图 ▶ 控制愤怒的情绪

> 如果你感到愤怒的话，在说话和行动之前最好先数到 10。要是这样还没能平息怒火就数到 100。还不行的话就数到 1000。
>
> ——托马斯·杰斐逊（美国第三任总统）

度过这 40 秒最好的方法就是深呼吸。

在上一节中，我为大家介绍了正确的深呼吸方法。5 秒吸气、15 秒以上的呼气将肺部的空气全部呼出。**只要进行 2 次"20 秒的深呼吸"，就刚好过去 40 秒了。**

深呼吸可以将交感神经优势切换为副交感神经优势，从而使愤怒的情绪得到缓解，使人恢复冷静。**深呼吸不仅在感到愤怒之后可以有效地抑制愤怒之情，还可以在"可能会感到愤怒"之前进行预防。**

比如在夫妻发生争吵之前，当你感觉气氛变得紧张之时立刻进行深呼吸。这样即便对方发了脾气，你也能够冷静地做出回应，避免出现互不相让地大声争吵的情况。

行动 4　尽量放慢说话的速度

在与他人争论的时候，如果总是想快速地反驳对方，就会没时间进行深呼吸。因此最好的做法是"放慢说话的速度"。

放慢说话的速度不仅能够使你自己的愤怒情绪冷静下来，还能够让对方也冷静下来。

人类在感到愤怒、兴奋以及紧张的时候就会不由自主地加快说话的速度。 因为在这些情况下交感神经处于优势地位，使我们的呼吸变得急促。由于无法进行深呼吸，我们为了能够一口气把话说完，就只能加快说话的速度。

交感神经处于优势地位时会使我们说话的速度加快，反之，放慢说话的速度则能够使副交感神经处于优势地位。下意识地放慢说话的速度，可以使我们有时间整理自己的呼吸，这也能起到和深呼吸相同的作用。

行动 5　平息对方怒火的方法

有时候对方会先对你发脾气。

比如你是某企业的客服人员，接到顾客打来的投诉电话，对方一上来就情绪非常激动，劈头盖脸地对你一顿抱怨。在这种情况下，千万注意不能因为对方语速很快，你也跟着用很快的语速来回应。因为这样你来我往互不相让的对话很容易使你被对方的愤怒情绪带动起来，结果变成一发而不可收拾的麻烦局面。

在这种时候更需要放慢说话的速度。**注意不要跟随对方的节奏，同时用比自己平时说话的速度还慢 30% 的速度来说话**。可能有人觉得降低 30% 的语速会显得很慢，但听起来其实并不慢，而且这种语速能够有效地抑制对方的怒火。

事实 3　善于利用感情拔河

人类具有一种被称为"情绪感染"的心理。如果别人对你说"混蛋"，你也会用"混蛋"来回应，但如果别人微笑着对你说"谢谢"，你也会自然地微笑着回应"我才应该谢谢您"。

在我们的大脑之中，有一个叫作"镜像神经元"的神经细胞，在这个神经细胞的作用下我们会无意识地模仿对方的行为。

"愤怒"会引发"愤怒"，"冷静"则会引发"冷静"。我将这称为"感情拔河"。

如果对方处于"愤怒"的状态，而你处于"冷静"的状态。那么你们两个人拔河，感情更稳定的一方就会获胜。只要你通过"深呼吸"和

图 ▶ 感情拔河

"放慢说话的速度"使自己保持冷静,就可以让对方也冷静下来。

在精神科的患者之中,经常会出现情绪激动、大喊大叫的患者。但只要你不被对方的"愤怒"影响,保持"冷静",1 分钟之后对方也会冷静下来。然后再过 5 分钟,你就可以和对方进行正常的交流了。

> 希望进一步了解的人

《不被愤怒控制的正念法》(藤井英雄 著)

难易度 ★★

"正念"指的是将注意力集中在当前、此处。即便知道应该认识到"我生气了",但恐怕也有很多人实际上做不到吧。对于这样的人,我推荐练习本书介绍的正念法。如果在没有愤怒的普通状态下能够做到将注意力集中在"当前、此处"的正念,那么一旦出现"愤怒""紧张""焦躁"等负面情绪的时候,你也能够冷静观察自己,从而控制自己的情绪。

心理 5　忘记不愉快的方法

关键词 ▶ 蔡格尼克记忆效应

失恋和失败等"不愉快的记忆"总是在脑海中挥之不去，怎样才能将这些不愉快的记忆忘掉呢？在本节中我就将教给大家具体的方法。

事实 1　不要输出不愉快的记忆

当遇到不愉快的事情时，你会怎么做呢？比如你因为失恋而大受打击，于是你在短时间内分别与 3 个朋友抱怨了这件事，结果会怎样呢？

说话属于一种输出。如果你在短时间内与 3 个朋友讲述了这件事，会使你对这件事形成非常鲜明的记忆，让你难以忘记。这就是大脑的机制。

因为你如此拼命地记忆这件事，所以你很难将其忘记。**要想忘记被输出强化过的记忆，就像要忘记"Apple= 苹果"这个单词的意义一样困难。**

最好不要将"失恋""工作失败""被上司训斥"等负面的事情反复地对他人提起，因为这样做只会加深这些不愉快的记忆。

行动 1　贯彻"1 次规则"

虽然不应该将不愉快的事情反复对他人提起，但"将不愉快的事情憋在心里，不对任何人说"，也会使人产生压力，非常难以忍受。

在前文中我提到"短时间内重复输出 3 次就会形成非常鲜明的记

忆"，不过如果"只进行 1 次输出"的话应该没有问题。就像背英语单词时，只将听到的单词重复一遍的话，几乎没有人能够完全记住。**对于不愉快的事情，"只对自己最信赖的人说一次，然后就再也不提"是最佳的方法。**

我将这种方法称为"消除压力的 1 次规则"。只要贯彻这个"1 次规则"，就能够在消除压力的同时，也不会强化负面的记忆。虽然"向朋友倾诉不愉快的事能够消除压力"，但如果重复的次数太多，反而会成为几个月、几年都无法忘记的烦恼，这一点必须注意。

有的人感觉"只发泄 1 次并没有减轻压力"，这是因为在发泄的时候没有将心中的所有不满和怨气全都发泄出来。既然决定贯彻"1 次规则"，就应该在 1 次输出的时候将全部的"负面情绪"都发泄出来。

请养成"1 次发泄之后就将其彻底忘记"的习惯。一开始可能很难做到，但习惯之后就好了。因为"忘记"也是可以通过"练习"来熟练掌握的。

行动 2　睡觉前写"内容积极的 3 行日记"

对于无论如何也无法忘记不愉快记忆的人，前文中介绍过的写"内容积极的 3 行日记"非常有效。晚上睡觉之前的时间最容易使人想起不愉快的回忆。"睡前 15 分钟"是记忆的黄金时间，所以睡觉前一旦回忆起"不愉快的事情""痛苦的事情"，就会更进一步加深这些记忆。尤其是患有精神疾病的人，很容易在睡觉前想起"痛苦的事情"，然后因为不安而难以入睡。

在睡觉前写"内容积极的 3 行日记"，回忆令自己感觉快乐的事情，

回忆起"不愉快的事情" → 控制	不可能
不对他人说"不愉快的事情" → 控制	可能
睡觉前不回忆"不愉快的事情" → 控制	不可能
	（回忆无法控制）
睡觉前回忆"愉快的事情" → 控制	可能

图 ▶ 能够控制的事情和不能控制的事情

然后带着愉快的心情进入梦乡。

人类的大脑不能同时处理多个任务。因此，在回忆"愉快的事情"时，就不会回忆起"不愉快的事情"。通过回忆"愉快的事情"，可以将"不愉快的事情"从大脑中赶出去。

> 不惧怕未来，不沉迷于过去，活在当下。
> ——堀江贵文（实业家）

事实 2　事情结束之后就容易被忘记

即便尝试了前文中介绍的这些方法，或许有些记忆还是无法抹去。毕竟已经给自己的心理造成伤害的记忆很难消除。接下来我就为大家介绍"彻底消除心理阴影"的方法。

但对于没有养成"1次规则"和写"内容积极的3行日记"习惯的人，即便尝试了我接下来介绍的方法也很难取得理想的效果。因此，"1次规则"和"内容积极的3行日记"是大前提，必须坚决执行。

请大家回忆一下自己喜欢的电视剧或者动画片，然后将内容梗概讲述出来。绝大多数人应该都能说出来吧。

那么，如果让你回忆 3 个月前看过的《海螺小姐》的剧情，你能够回忆起多少呢？**因为这部动画的特点是"1 集完结"**，所以很难让人回忆起每一集的具体内容。

在心理学上有一个叫作"蔡格尼克记忆效应"的概念。与已经完成的任务相比，人类对没有完成的任务记忆更加深刻。用一句话来概括就是，**"事情结束之后就容易被忘记，没有结束的事情则不容易忘记"**。

比如失恋虽然看起来是一件"已经结束的事情"，但可能在我们心中还是充满了"留恋""悔恨""不舍""愤怒"等各种各样的感情，也就会仍然对这件事耿耿于怀。

只有将一件事彻底结束，才能够将其忘记，但如果感情总是被这件事纠缠着，那无论经过多久都无法忘记。

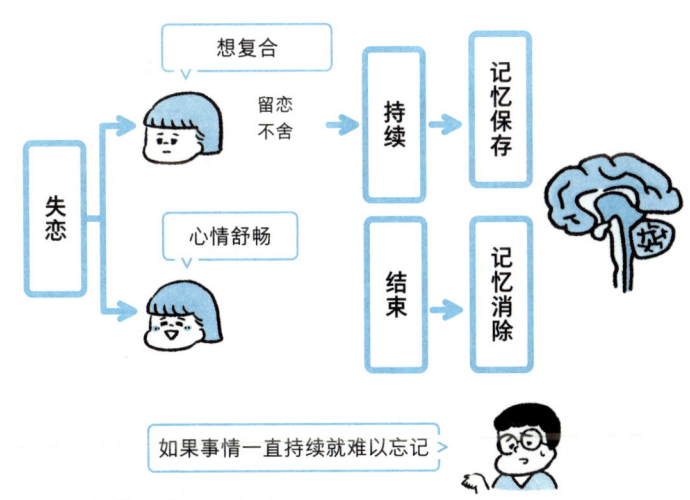

图 ▶ 蔡格尼克记忆效应

行动 **3** 利用"贤者的建议"分离"事实"与"感情"

当发生某件事的时候,我们的"感情"都会因此而产生反应。比如:和恋人分手,可能会产生"悲伤"和"不舍"的感情;被上司训斥则可能出现"愤怒""不服气"的感情。

过于强烈的感情会使人无法客观地看待事物。当"事实"与"感情"交织在一起的时候,"感情的浓雾"就会将"事实的真相"掩盖,使人无法正确地认识事实,也无法做出正确的判断。结果更加感情用事,陷入泥沼之中无法自拔。

也就是说,只有将"事实"与"感情"分离开,才能在面对"令人震惊的事件""不愉快的事件"以及"心理阴影"时做出正确的判断。

分离"事实"与"感情"最简单的方法就是"冷静一段时间"。比如和恋人分手之后,经过1年的时间,自己的感情就会冷静下来。"感情"会随着时间的流逝而逐渐淡化并与"事实"分离,这样自己就能够冷静地对"事实"进行观察和分析。

但肯定有人会说,"1年的时间也太长了"。对于这样的人我推荐一个只需要几十分钟就能将不愉快的事情忘记的方法。那就是"贤者的建议"。

1. 在笔记本的左边页面上写出自己关于"不愉快事情"的感情	感情发泄
2. 合上笔记本,让情绪冷静下来	冷静时间
3. 再次打开笔记本,以"贤者"的视角写下给自己的建议	客观分析

《麦肯锡情绪管理法》(大岛祥誉 著)

图 ▶ 贤者的建议

将大脑中所有不愉快的记忆全都写在笔记本上。然后合上笔记本等待 10～30 分钟，之后再打开笔记本，站在第三者的视角上分析自己之前写的内容。

在这个时候，你要像一名"专家（心理咨询师或者精神科医师）"那样在笔记本上客观地写下自己的建议。

"这种事没必要那么消沉""把这件事忘掉，继续前进""前方一定有更好的未来在等着你"，将你能想到的建议尽可能多地都写出来。

"贤者的建议"可以使你的心灵得到净化，感到十分畅快。**可能有人感觉第二次翻开笔记本的时候再看自己写的内容竟然会好像在看别人的事情一样，非常不可思议。**但这正是输出带来的"客观视角"效果。

将大脑中的想法写成文字，就能够将"事实"和"感情"分离。过一段时间之后，"感情"就会逐渐淡化，再看"事实"就会感觉好像是别人的事情一样。

需要注意的是，在使用"贤者的建议"这种方法时，也必须严格遵守"1 次规则"。同样的事情不要重复写很多次，因为这样反而会强化自己的记忆，使自己难以忘怀。

有人提出"应该将不愉快的事情彻底地写出来作为一种发泄"，但我对此持怀疑的态度。因为"书写"比"说话"具有更强大的增强记忆的效果。

不过，"贤者的建议"这种方法因为加入了客观视角，能够将"被感情歪曲的解释"替换为"冷静的解释"，所以可以安心使用。单纯地"写出不愉快的事情"只是在强化"不愉快的记忆"而已，请千万不要这样做。

> 希望进一步了解的人

《如何忘记想要忘记的事情》（植西聪 著）

难易度 ★★

　　我阅读了十几本关于"如何忘记不愉快的事情"的书籍，却一直没有找到能够在一瞬间忘记不愉快记忆的方法。但这也是理所当然的，因为根本不可能有那么神奇的方法。不过，还是存在让自己摆脱不愉快的记忆的影响的方法。本书就介绍了这样的方法。"学会放弃""不再执着""接受""感恩""沉迷于新事物"……通过重复这些练习，就可以使自己摆脱"不愉快的记忆"影响，走向崭新的人生。本书总结了90个小方法，你一定能够从中找到适合自己的方法。

心理 6 感觉"抑郁"的时候应该怎么做

关键词 ▶ 症状固定、质问法

"最近情绪很低落""感觉有些抑郁""或许应该去医院看看"……经常有人在精神上存在类似的烦恼,我将在本节中为大家介绍应对的方法。

根据一项以 5000 人为对象的精神疾病患病率的大规模研究结果,抑郁症一年内患病率为 2.7%,加上躁狂症的情绪障碍患病率为 3.2%。也就是说,每 30 个人中就约有 1 个人在过去 1 年中存在抑郁症等情绪障碍疾病。

该研究还表明一个人在一生之中患上情绪障碍疾病的概率约为 7%,患上精神疾病的概率为 15.2%,相当于每 6 个人之中就有 1 名精神疾病患者。这个结论或许出乎很多人的意料,但精神疾病患者真的就在我们身边。

每 30 个人之中就有 1 人患有抑郁症等情绪障碍疾病,**这意味着在 30 人的职场之中,会有 1 人因抑郁症需要前往医院治疗。**

事实 1 是否应该去医院

"情绪低落没有干劲。不想去上班,但又不得不去,工作效率很低。上网查了一下,发现这可能是'抑郁'的症状,但感觉没那么严重。我是应该去医院检查一下,还是先观察一段时间呢……"

想必很多人都遇到过这种情况,虽然感觉有些不舒服,却不知道应该什么时候去医院进行检查。

症状恶化到什么程度的时候应该去医院检查呢?关于是否应该去医

院的标准，即便在网上搜索也找不到详细的解说。在这里，就由我来为大家总结一下吧。

有句古话叫作"打铁要趁热"，治疗抑郁症也是如此。**如果在发现症状之后立即去医院进行治疗，那么就可以在非常短的时间内使症状得到改善。**

但如果拖了好几个月才开始治疗，则很有可能也需要花上好几个月才能治好。如果拖了半年甚至1年才去医院检查，那很有可能会变成难以治愈的顽疾。

在心理学上有一个叫作"**症状固定**"的概念。如果出现症状却不及时治疗，那么这种症状就会变成"理所当然"的状态固定下来。

症状固定的时间期限为"1年"。明明出现了症状，却超过1年都没有治疗，症状就会固定，即便吃药也难以取得效果。虽然固定的症状并非完全无法治愈，但会陷入非常难以治愈的状态。

根据我的经验，绝大多数患者的治愈时间都与其从发病到就诊的时间基本相同。1个月之前出现症状的人，在接受1~2次治疗之后症状就会有明显改善。3个月之前出现症状的人治愈需要3个月左右的时间，半年之前出现症状的人治愈则需要半年以上的时间。

一旦感觉"情绪低落""可能是抑郁症"，最好尽早去精神科接受治疗。症状出现之后拖得越久越难以治愈。

事实 2 感到烦恼的话就立即去检查

根据我对几千名精神疾病患者的诊疗经验，大约有一半以上的患者都在症状非常严重之后才来医院就诊。绝大多数患者在出现症状之后都会先选择忍耐和观察，结果耽误了病情。

普通的精神疾病门诊只要事先做好预约，将候诊、诊疗、交款等全部时间都加起来也只需要 2 小时即可完成。

而且精神疾病门诊不像内科那样需要做许多的检查，在不进行血液检查的情况下，全部诊疗费用不会超过 5000 日元。

最近还出现了不少提供夜间和节假日诊疗服务的门诊。只需要 2 小时和几千日元的诊疗费，就能够清楚地知道自己是否患有抑郁症，因此在出现症状之后根本没必要忍耐和观察，请直接去医院搞个清楚明白吧。

> 要是我早点去医院检查的话就不会变得这么严重……
> ——精神科患者常说的话

行动 1　抑郁症的筛查

我将"抑郁的症状"整理成了一份表格。但坦白地说，这份表格中的内容过于复杂，而实际患有抑郁症的患者往往难以对自己进行客观的观察，自然无法根据这份表格的内容来判断自己是否患有抑郁症。

接下来我将给大家介绍一个能够简单地判断自己是否患有抑郁症的方法。那就是对自己提出以下两个问题。

> 最近 1 个月，是否经常出现情绪低落、心情抑郁的情况？
> 最近 1 个月，是否对任何事都提不起精神，或者经常感觉不快乐？

其中"最近 1 个月"和"经常"两个标准非常重要。"经常"指的是

"几乎每一天"。

在这两个问题之中,如果符合其中之一就可能患有抑郁症,两个全都符合的话患有抑郁症的可能性高达 88%,最好去精神科找专业的医师进行诊断。

表 ▶ 抑郁的症状

诊断相关的症状	特征
1. 心情压抑	情绪低落、抑郁,因为一点小事就流泪。
2. 丧失兴趣	无论做什么都不开心。即便是以前喜欢的事情也不愿意去做
3. 食欲减退、体重减轻	什么也不想吃。1 个月之内体重减轻 5% 以上。吃饭如同嚼蜡,味觉异常。也有食欲亢奋和体重增加的情况
4. 睡眠障碍	几乎每天都失眠或者过度睡眠。晚上睡不着,睡眠质量差,早晨起不来
5. 焦躁	心情烦躁不安,无法在一个地方静静地待着
6. 易疲劳	体力衰退、易疲劳、倦怠,没有力气
7. 无价值观、罪恶感	认为自己没有价值,活着没有意义,认为一切都是自己的错
8. 思考力/专注力衰退 决策困难	专注力衰退导致经常出错,健忘,难以做出决策
9. 自杀念头	想死。认为自己活着没有价值。思考具体的自杀方法并且准备工具
其他常见症状	特征
身体症状	肩膀和脖子僵硬、沉重,头疼、后背疼、全身疲惫,说不出的浑身难受
不安	总是感觉不安,脑袋里总是想一些负面的内容
每日变化	早晨和上午情绪非常低落(下午之后好转)
社会障碍	不愿去公司或学校(去了也会经常犯错)

如果在过去 2 周之内"几乎每天"都会出现上述 9 个症状中的 5 个,就很有可能患有抑郁症(自己无法确诊,最好去找医师诊断)

"心情压抑"和"丧失兴趣"可以说是抑郁症最大的特征。

上述"质问法"虽然只有两个问题,但却能够非常准确地筛查出抑郁症,因此普通内科的医师也常用这种方法。不过,上述两个问题之中只符合其中一项的话,可能并不属于抑郁症,准确的诊断结果还是需要由精神科医师在进行诊疗之后才能明确。上述问题都是"常规"问题,即便有符合的状况,也不必感到低落。

行动 2 检查自己的状态

如果怀疑自己患有抑郁症等精神疾病,犹豫是否应该去医院的时候,可以先根据以下的内容,检查自己当前的状况。

以下项目你符合几个?
1. 与 1 周之前相比,症状更加恶化
2. 睡眠状况越来越差(睡眠质量与睡眠时间)
3. "现在"是有生以来感觉最差的时期
4. 不愿去公司或学校(实际上已经休息了好几天)

符合 2 项以上的人	→	最好去医院就诊
符合"3"或"4"的人	→	最好去医院就诊
其他人	→	继续观察

图 ▶ 是否应该去精神科就诊的自我检查表

(1)症状恶化

如果与 1 个月之前相比,现在症状逐渐恶化,那么今后症状很有可能会继续恶化。如果与 1 个月之前相比,症状几乎没有什么变化或者稍有改善,则可以继续观察。

（2）睡眠状况不好

睡眠和早晨起床时的状态，能够非常直观地反映出一个人的精神状态。如果睡眠障碍连续持续一个月以上，而且完全没有好转的迹象，这就不是一个好的征兆。

（3）"现在"是有生以来感觉最差的时期

抑郁症会使人感受到之前的人生中从未有过的"痛苦"和"难过"。抑郁症的患者都表示"这种不好的感受之前从未经历过"。如果你认为现在是有生以来感觉最差的时期，那么很有可能已经患上了精神疾病。

（4）不愿去公司或学校

是否愿意去公司或学校，也是判断抑郁症的重要标准之一。不愿去公司或学校说明现在你的精神处于不稳定的状态，应该去医院就诊。如果感觉自己"无法去上班"，就应该积极去医院就诊。

希望进一步了解的人

电影《丈夫得了抑郁症》

难易度 ★

对于健康的人来说，恐怕很难想象"抑郁症"究竟是一种什么样的疾病。如果没有与真正的抑郁症患者有过接触，就无法判断自己究竟是否属于抑郁症患者。为了了解抑郁症的具体表现，推荐大家观看这部电影。这是一部讲述丈夫患有抑郁症，妻子不离不弃帮助丈夫战胜抑郁症的电影。电影最初的30分钟对抑郁症的主要症状做出了非常通俗易懂的讲解。如果认为"自己也有同样的情况"，建议及时去医院就诊。这部电影根据同名漫画《丈夫得了抑郁症》（细川貂貂 著）改编，不方便看电影的话也可以看漫画来了解。

心理 7 应对精神疾病的方法

关键词 ▶ **生活疗法**

"我在精神科治疗了3年，却仍然没有治好。"

"我的精神类疾病一直没有治好，是不是应该换一家医院。"

经常有患者向我提出这样的问题。绝大多数正在治疗精神类疾病的患者，都存在"总也治不好"的烦恼。对于这样的患者，我通常会给出以下的建议。

事实 1 精神疾病100%治愈非常困难

以前精神科医生常说"抑郁症就是心理感冒"。虽然这种说法降低了精神疾病患者前去医院就诊的门槛，但也使人产生一种"精神疾病也能像感冒一样完全治愈"的错觉。

事实上，抑郁症与其说是"心理感冒"不如说是"心理骨折"更加准确。

假设一名体育选手出现了骨折。即便他在骨折治愈之后重返赛场，也无法像骨折之前那样发挥出全部的实力。因为骨折造成的影响会一直残留下来。

精神疾病也是一样。抑郁症即便缓解90%，仍然有50%～60%复发的可能性，因为没有缓解的10%非常难以治愈。用入院次数来说的话，只入院1次进行治疗的人只有11%，入院3次以上的人为73%，入院5次以上的人为46%。

有很多项研究表明，只接受一次治疗就再也没有复发的人只有 10%，绝大多数的人虽然症状暂时得到了缓解，但随后还会复发。

每当我向患者询问"您认为怎样才算治愈"的时候，几乎所有的患者都回答说："想恢复到生病之前的状态。"也就是说，他们希望恢复到"100% 健康的状态"，所以认为自己"没有治好"。

如果我问："你感觉现在恢复多少了？"有的人会回答："大约 80%。"

如果有患者回答"大约恢复了 90%"，那他应该感谢他的主治医师。即便症状基本完全消失，绝大多数人与发病之前相比仍然会出现"体力下降""专注力难以持续""应对压力能力下降"等情况。

精神类的疾病要想 100% 治愈非常困难。

行动 1 接受疾病

得知"精神疾病无法 100% 治愈"的事实之后，你是否感到失望呢？

但这就是现实，一旦患上精神疾病，想要 100% 治愈非常困难。如果想要强行改变难以改变的现实，只会使人产生巨大的压力。这反而会导致病情复发或者症状恶化。**结果陷入无论怎么努力治疗也无法治愈的困境。**

那么，我们应该怎么做呢？答案只有"接受疾病"。**不要"与疾病对抗"，而是将疾病当作自己的一部分接受下来。**

或者不必等到"疾病完全治愈"，只要感觉自己的症状有所好转，就可以重新回归社会。比如即便没有 100% 治愈，但治愈 90% 左右就能够进行工作。

根据我的经验，不再执着于完全治愈的患者，症状都会出现明显的改善。在不知不觉中，那些治愈率达到 90% 的患者会逐渐恢复到 95% 甚至 98% 的水平。

有时候我对患者说："感觉你最近精神很好啊。"对方就会回答："我把生病这回事都忘了。"

越是拼命想要"治愈"的患者，越难以治愈。而接受疾病，放弃治疗的患者，反而恢复得更好，甚至能够接近"彻底治愈"。

表 ▶ 接受疾病的特征

1. 最近几乎完全不考虑疾病的问题
2. 与彻底治愈疾病相比，认为尽快回归社会、回归工作更加重要
3. 认为患病不是"公司""家庭"和"自己"的责任
4. 现在回忆起来，患病之前的工作方法和生活习惯有错误的地方
5. 认为患病已经是过去的事，开始认真思考以后的事情
6. 与主治医师和护士关系融洽，对家人朋友和同事的关心感到高兴
7. 重新开始做自己感兴趣的事情
8. 认为之前那个闷闷不乐的自己非常傻

行动 2 进化成为全新的自己

> 恢复到和原来一样不是还会得这种病吗？
> ——中井久夫（精神科医师，神户大学名誉教授）

这是当患者询问"我能恢复到和原来一样吗"的时候，精神科医师中井久夫先生给出的回答。可以说他的这句话非常准确地揭露了精神疾病的本质。

假设一名患有抑郁症的患者，他工作非常努力，无论怎样辛苦也绝无怨言，即便身体不适也绝不休息，结果因为压力太大导致出现了抑郁症。如果他在治好抑郁症之后还是这样"过于认真"的性格，那么回到原来的职场之后会出现怎样的情况呢？

只会重蹈覆辙，使抑郁症再次复发。因此，绝对不可能恢复到和原来一样。

以这名患者为例，他应该仔细地分析自己患病的原因，然后使自己进化成能够游刃有余地面对压力的人。

具体来说，拥有"抗压力"非常重要。面对压力时不要总是正面承受，而是要学会巧妙回避。不要过分努力，只要按照自己的节奏即可。不用恢复到和原来一样，而是应该进化成为全新的自己。只有像这样接受疾病，才能战胜疾病。

患病、复发

想恢复到和原来一样……

关键不是恢复到"原来的自己"，而是进化成为"全新的自己"！

图 ▶ 几乎不能恢复到和原来一样

那么，怎样才能实现进化呢？实际上，"疾病久治不愈的人"和"疾病很快治愈的人"，各自有不同的特点。

表 ▶ "疾病很快治愈的人"和"疾病久治不愈的人"的特点

疾病很快治愈的人	疾病久治不愈的人
接受疾病	与疾病战斗
经常说感谢的话	经常说抱怨的话
经常面带笑容	总是表情凝重
不在意小事	总感觉不安
愿意与人倾诉	不愿与人倾诉
活在当下	沉迷于过去
关注症状好转的部分	关注症状恶化的部分
坚持在一个医院治疗	经常转院

请参考上表,看一看你有多少符合"疾病久治不愈的人"的特点,只要改善这些问题,使自己成为"疾病很快治愈的人",就能够进化成为"全新的自己"。

行动 3 坚持生活疗法

"是不是主治医师的治疗方法不行啊""我要不要换个医院看看",很多人都有这样的烦恼。

但实际上现代的精神医疗,基本采用的都是相同的诊断基准和相同的治疗方法。即便你换了主治医师和医院,也没有能够瞬间彻底治愈你的疾病的灵丹妙药。

你应该做的并不是更换主治医师或者医院,而是认真地进行"生活疗法"。

精神疾病大多是由于危害精神健康的不规律的生活习惯所导致的。比如有数据表明,持续1年以上有睡眠障碍的人的抑郁症的发病率是健

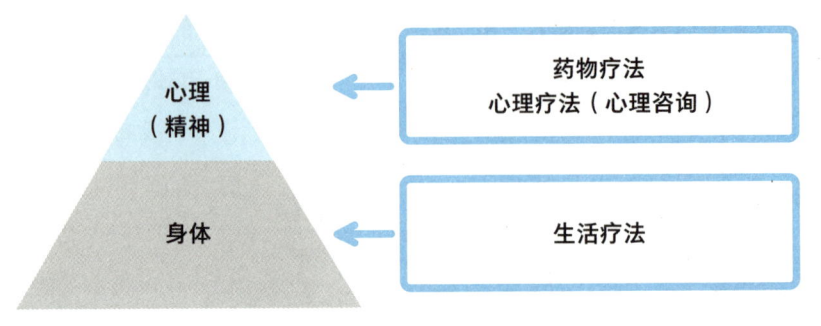

```
         心理
        （精神）    ←    ┌─────────────────────┐
                        │  药物疗法            │
                        │  心理疗法（心理咨询）│
                        └─────────────────────┘

         身体         ←    ┌─────────────────────┐
                           │  生活疗法            │
                           └─────────────────────┘
```

> 生活疗法是基础，平时就要注意预防身体疲劳、大脑疲劳，以及精神疾病！

图 ▶ 生活疗法的重要性

康人士的 40 倍。

其实在本书中已经为大家介绍过正在治疗精神疾病的患者应该采取的"生活疗法"。**那就是"每天 7 小时睡眠""每周 150 分钟运动""早起散步""戒烟戒酒"。**只要坚持这些"生活疗法"，你的症状就一定能够得到改善。

心理也是身体的一部分，只有身体健康，心理（精神）才能稳定。但如果工作过于繁忙，加班太多导致睡眠时间减少，身体长期处于疲劳状态，精神也会因为大脑疲劳而不堪重负。**一旦身体的承受能力达到极限，精神也会因为失去支柱而崩塌，结果出现精神疾病。**

在治疗精神疾病时，不能只依赖药物。通过睡眠、运动、规律的生活习惯来获得一个健康的身体，是使精神得到恢复的大前提。

不坚持生活疗法，只依赖药物疗法、心理疗法，很难使精神疾病得到治愈。只有搭配生活疗法，才能达到最佳的治疗效果。

希望进一步了解的人

难易度 ★★

《帮你治愈久治不愈的顽固性抑郁症》
（田岛治 著）

　　能够让患者本人充分了解抑郁病的生活疗法和疗养方法的书十分少见。本书通过大量的插图，让被"久治不愈的顽固性抑郁症"困扰的读者也能够学会如何治疗抑郁症。本书除了基本的治疗方法之外，还全面地介绍了与治疗抑郁症相关的知识，掌握这些知识对于进行生活疗法具有极大的帮助。书中介绍的内容对治疗抑郁症之外的其他精神疾病也非常有效。

心理 8

怀疑自己有发展障碍怎么办

关键词 ▶ 灰色区域

近年来，发展障碍愈发受到人们的关注。很多人尝试着用"诊断基准"和"自我检查表"进行自我检查，怀疑自己存在发展障碍而去医院就诊。有些专门开设了发展障碍门诊的医院的就诊预约甚至已经排到了半年之后。因为越来越多的人对发展障碍存在担忧和不安，我将在本节为大家解说这个问题。

事实 1 "可能存在发展障碍"的情况十分常见

疾病有一个前期阶段，这个前期阶段被称为"未发病""预备军"或者"灰色区域"。

比如日本的糖尿病患者有 1000 万人，但预备军也有 1000 万人，因此大约有 20% 的日本人属于糖尿病患者及其预备军。

日本的认知障碍患者有 400 万人，认知障碍预备军 MCI（轻度认知功能障碍）有 400 万人。65 岁以上老人大约 25% 都是认知障碍患者及其预备军。

据说发展障碍患者的数量为日本全部人口的 5%（也有最新统计数据表明为 10%）。虽然对处于发展障碍灰色区域的人数并没有统计，但考虑到绝大多数疾病预备军数量都与患者数量相同甚至更多，因此发展障碍患者及其预备军灰色区域的人，以及人为自己存在发展障碍的人的数量大约为日本全部人口的 20%（参考最新统计数据）。也就是说，每 5 个人中就有 1 个人可能存在发展障碍。因此即便你认为自己有发展障碍的症状也没必要过于悲观和消沉。

事实 2 发展障碍无法自我诊断

网络上有许多关于"发展障碍"的自我诊断网页。许多人就是通过这些网页进行自我诊断之后才感觉"自己可能有发展障碍",但实际上在绝大多数情况下这些诊断结果都是错误的,最好不要在网页上自行诊断。

在发展障碍之中有一种症状叫作 ADHD(注意缺陷与多动障碍)。

对成人进行 ADHD 诊断的时候,要求必须符合诊断基准 8 个症状之中的"5 个以上"。但认为自己存在"发展障碍"的人,往往在符合 3 个症状的时候就会产生"我有 3 个症状都符合"的不安。

根据实际的诊断基准,在 8 个症状之中必须符合 5 个以上才有可能是 ADHD,只符合 3 个项目根本不属于 ADHD。

此外,即便 8 个症状全部符合,还需要符合症状以外的"必须项目"才能确诊,但绝大多数在线诊断网站都没有相关的介绍和说明。ADHD 的诊断基准之中的必须项是"对社会活动、职业、学业有显著影响",也就是无法工作、无法就职、马上要被解雇的状态。**平时能够正常进行社会生活,对社会活动和职业没有任何影响的话,则根本不属于"发展障碍"。**

对于那些符合一些症状,但仍然能够维持正常社会生活的人,我将其称为**"认为自己存在发展障碍的人"**。

根据我的经验,发展障碍患者、灰色区域,以及"认为自己存在发展障碍的人"全部加起来,大约有日本全部人口的 30%。也就是说,你认为"自己存在发展障碍"也是很正常的。

约 10%～20%

各 5%～10%

发展障碍

灰色区域

认为自己存在发展障碍的人

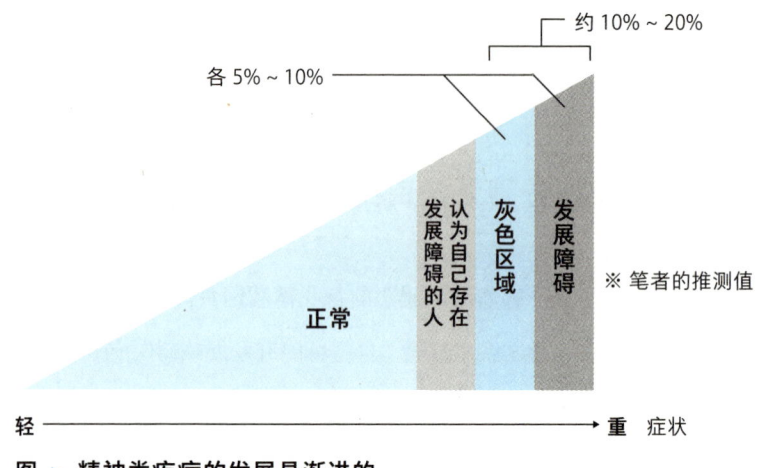

正常

轻　　　　　　　　　　　　　　重　症状

※ 笔者的推测值

图 ▶ 精神类疾病的发展是渐进的

此外，所有的精神类疾病都没有"从现在开始就属于××病"的明确界限，都是以渐进的形式发展，从轻到重。

只符合诊断基准中的 2～3 项并不要紧，只有符合诊断基准规定的绝大多数症状，而且每个症状都很严重，对社会生活造成显著影响，感觉"痛苦""难过"的一部分人才能确诊"疾病"。

有新发现时立即开始行动，总是毛手毛脚导致失败的孩子，因为存在"多动"和"注意力不集中"这两个症状，与 ADHD 的特征十分相似。有的书就将《海螺小姐》中海螺小姐的弟弟鲣鱼君当作 ADHD 的典型代表。

那么鲣鱼君需要去医院治疗 ADHD 吗？当然不需要。因为他每天都过得很快乐，而且对社会活动和学业没有造成任何障碍，虽然他的很多表现都很接近 ADHD 的症状，但他绝对不是一名患者。

事实 **3** 诊断标准是医生的专用工具

"提问。长脖子 4 条腿的食草动物是什么？"

"长颈鹿。"

"回答错误。答案是羊驼。"

看到上面的对话，你有什么感想呢？如果有图片的话，没有人会把羊驼看成长颈鹿，**但如果只有"文字说明，根据特点来判断"的话，就很难区分长颈鹿和羊驼。**

精神科的诊断也是如此。普通人只"根据文字说明的特点来进行判断"，无法对发展障碍做出正确的诊断。

"诊断标准"是专门给医生准备的工具，并不是给普通人准备的。此外，在精神科医师的诊断标准的注意事项之中也明确写着"仅供经验丰富的临床医师在临床现场使用"的提示。

"经验丰富的临床医师"，指的是对确实患有发展障碍的人进行过诊疗的医师。**一个从没对患有发展障碍的患者进行过诊疗的医师，不可能对发展障碍做出正确的诊断。**

普通人根据诊断标准判断"自己可能有发展障碍""自己可能有抑郁症""自己可能有人格障碍"，结果感到消沉和不安，这完全是错误使用诊断基准的做法。

面向普通人的发展障碍"自我检查表"，只能起到筛查的效果。任何精神疾病，都必须由经验丰富的精神科医师确诊，所以请不要轻易给自己扣上"精神疾病患者"的帽子，更不要因此而消沉、不安和感到自卑。

事实 4 发展障碍并不是缺点

很多人之所以会担心"自己可能属于发展障碍",是因为他们认为发展障碍是一种非常不好的疾病,属于严重的缺点。

发展障碍的症状表现,完全可以用"个性鲜明"来概括。也就是说,患有发展障碍的人因为特征过于明显,**所以如果能够充分利用的话反而可以使其成为一种优点,但如果利用不好则会成为缺点。**

很多天才、伟人以及社会成功者都患有发展障碍。比如托马斯·爱迪生、坂本龙马等人据说都患有 ADHD。

此外,乐天的创始人三木谷浩史、商业书籍作家胜间和代也公开承认自己患有 ADHD。

与其说 ADHD 是一种疾病,不如说是一种性格特征。多动和易冲动的性格,因为"很难老老实实地待在同一个地方",所以可能在学校里有"无法认真听讲"的缺点,但对坂本龙马来说,这却是驱使他跑遍整个日本,在幕末时期发挥出巨大作用的原动力。

注意力不集中的症状表现,在面对自己真正感兴趣的事物时反而会非常沉迷、集中全部的注意力。埋头于发明的爱迪生就属于此类人。

"多动"意味着"有活力"。

"易冲动"意味着"感性很强"。

"注意力不集中"意味着"创造力丰富"。

"不听人说话"意味着"有独创性"。

"容易厌倦"意味着"追求创新"。

这些"缺点"其实都可以变成"优点"。

行动 **1** **将症状变成特征和优点**

其实所有的精神疾病都不能说是"疾病",而是"症状"。但要想将"症状"转变为"特征"和"优点",需要一个完善的环境。因此,患者周围的人的支持和协助十分重要。

表 ▶ ADHD 和 ASD,擅长领域与不擅长领域

	ADHD（注意缺陷与多动障碍）	ASD（孤独症谱系障碍）
擅长领域	・需要发挥自主性的营业职业 ・需要发挥创意能力、策划能力、行动力的企划开发、设计、经营、艺术等职业	・需要发挥规划性、计划性、深度专业性的设计师和研究者 ・需要专注力的程序员 ・处理庞大数据的财务、法务
不擅长领域	・管理数据和时间表 ・制订长期计划、需要连续推进的工作 ・与行动力相比更需要忍耐力的工作	・针对不同顾客的个别应对以及计划随时调整的工作 ・以对话为主的工作,以及上司给出的不明确的指示

参考:https://www.sankeibiz.jp/econome/news/180217/ecb1802171610001-n4.htm

比如有些职业适合 ADHD,有些职业不适合 ADHD,有些职业适合 ASD（孤独症谱系障碍,包括亚斯伯格症候群在内的人群）,有些职业不适合 ASD。

具有 ADHD 特征的人,作为设计师和艺术家往往能够发挥出过人的才华,但如果作为必须严格遵守时间表和规则的企业员工则会非常痛苦。

具有 ASD 特征的人,因为非常不擅长交流,所以如果从事接待和服务业,一定会感到非常痛苦,但如果做像"程序员"和"研究员"那样只需要自己一个人集中精力完成的工作,则很有可能取得比普通人更加优异的成果。

> 希望进一步了解的人

《只需一点小技巧就能让有发展障碍的人不再受公司人际关系困扰》（对马阳一郎、安尾真美 著）

难易度 ★★

你真正的问题可能并非"存在发展障碍"，而是因为"发展障碍的症状"对公司的工作和人际关系感到困扰。这样的人只要掌握了应对的方法，就可以使"发展障碍的症状"从缺点变成优点。本书针对公司中的各种情景，详细地介绍了具体的应对方法，可以立刻发挥作用。

《如果部下患有发展障碍》（佐藤惠美 著）

难易度 ★★

即便自己没有发展障碍，但身为管理者的人了解一些与患有发展障碍的人交流的方法也很有好处。本书就面向管理者介绍了许多非常实用的应对发展障碍的方法，读完本书之后，绝大多数问题都会迎刃而解。

心理 9 自己属于高敏感度的人怎么办

关键词 ▶ 心理学概念

如果你在日常生活之中感觉自己"遇到一点小事都很敏感，心灵很容易受到伤害""为什么只有我会如此敏感"，那么你可能属于高敏感度的人。

事实 1 高敏感度并不是疾病

所谓高敏感度的人（Highly Sensitive Person, HSP），指的是天生敏感，对周围的刺激和他人的感情会做出过度反应的人，这个概念是由心理学家伊莱恩·阿伦博士在1996年提出的。

高敏感度属于一种"性格"倾向，也可以说是神经的过敏性和信息认知的特性。除了人类之外，还有100多种生物都存在高敏感度的倾向。

也就是说，高敏感度并不是疾病。

与他人相比"神经的传输更加敏感"，这只不过是一种特征，不应该用好坏来评判。

据说高敏感度的人占日本全部人口的15%～20%，数量非常多。和B型血的人差不多。

高敏感度并不被包括在精神科的诊断标准内。因为不会对社会生活、日常生活造成影响，也不会使本人感到明显痛苦的情况，不会被诊断为精神疾病。

如果神经极为敏感，并且对人际关系和社会生活造成障碍的话，则会被诊断为"强迫性障碍"或者"惊恐障碍"等其他的疾病名称。

因为高敏感度在精神科被认为是一种"性格"倾向，所以即便你去精神科要求"治疗高敏感度症状"，**就好像要求医师"治疗我内向的性格"一样，是完全做不到的。**认为自己"可能具有高敏感度症状"而去精神科就诊，没有任何的意义。我再重复一遍，高敏感度只不过是比他人感知更加敏感的一种特性，没有必要过于担心。

事实 2　让高敏感度人群感到安心的概念

常年被"为什么自己活得这么累"这个问题困扰的人，在得知"高敏感度"的概念之后，**就会了解到"原来我是高敏感度的人啊""有15%~20%的人都属于高敏感度人群，而且这不属于疾病，我没什么问题"，从而安心下来。**

心理学家之所以提出这样的心理学概念，其目的并不是为了使人感到不安，而是为了使人感到安心。

活得好累
心灵容易受伤
为什么只有我是这样

因为不了解所以感到不安

原来我是高敏感度的人
有 15%~20% 的人都和我一样

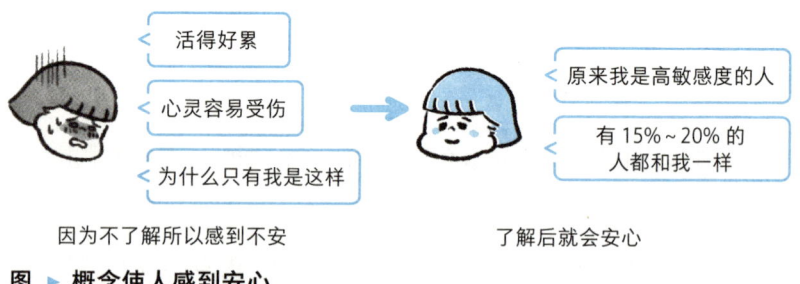

了解后就会安心

图 ▶ 概念使人感到安心

行动 1　**不要曲解网络信息**

很多人都喜欢浏览网络上的信息。但网络上的大多是"零散化""碎片化"的信息，看到这些信息之后，会使人产生"我可能属于高敏感度的人""应该去医院检查一下"的不安，甚至产生消沉、低落的情绪。

当看到与身体或心理的疾病与异常相关的信息时，千万不要挑几个感兴趣的部分草草地浏览一遍就完事，而是应该从头到尾、一字一句完整地阅读。

即便是网络上关于"高敏感度人群"的信息，也大多写明了"高敏感度并不是疾病""有 15%～20% 的人都属于高敏感度人群"等内容。**如果能够从头到尾认真地读完的话，就不会因此而产生不安，反而会感到安心。**

但容易产生不安的人往往无法完整地接收信息。在绝大多数情况下，这样的人只是读完标题就会想象出许多负面的内容，并因此而感到不安和担忧，失去冷静思考的能力。

除高敏感度外，包括发展障碍在内的许多疾病也都有类似的情况。

有时候即便信息的内容是正确的，但下面却会出现许多错误的评论。

比如我发表的关于精神疾病的视频，下面总会出现一些过激的言论。这些人根本没有认真地看我发表的内容，只是以先入为主的观点错误地理解了我说的话，然后因此而感到不安，并且贸然地开始发动攻击。

因此，在接收信息时必须保持冷静，不能只看片面的信息，而是应该从头到尾全部看完再做出判断。

在调查与疾病有关的信息时，完全依赖网络信息的人更应该注意这一点。如果以错误的信息为基础判断，只会增加自己的不安和担忧。

事实 3　高敏感度人群的 4 个特点

高敏感度的人绝大多数都是因为对信息的错误理解而产生不安。

在此，让我们重新看一下高敏感度的概念，并且思考一下你是否属于高敏感度的人。高敏感度的人具有以下 4 个特点：

> （1）思维方式复杂，深思熟虑之后才会开始行动
> （2）对刺激过于敏感，容易感到疲劳
> （3）很在意他人的看法，容易与他人产生共鸣
> （4）所有的感觉都很敏锐

如果上述 4 项全部符合，那么你就属于高敏感度的人。

但在这个时候肯定有人会问，"如果我符合 3 项算不算呢？"

请再仔细阅读一遍我上面说过的话。

"上述 4 项'全部'符合才属于高敏感度的人。"只符合 3 项的人并不属于高敏感度人群。

像这样的"定义"必须严格遵守，**因为在诊断标准之中，即便只放宽 1 个项目，也会使符合标准的人增加 20% 以上。**

符合高敏感度标准中全部 4 项的人占日本全部人口的 15%～20%，如果将标准放宽到 2～3 个项目的话，符合的人数恐怕将超过日本全部人口的一半。

把握全部的信息，正确地解读信息，这样你就会知道"我只符合3项，不属于高敏感度人群"。因此，完全没必要自己吓自己。

行动 2 尝试自己检测高敏感度

如果你发现自己符合上述全部4项的内容，可以登录阿伦博士的官方网站自我检测，在这个网站上可以进行更加准确的"高敏感度检测"（http://hspjk.life.coocan.jp/selftest-hsp.html）。

行动 3 学习应对的方法

我与音乐家和艺术家交流的时候，很多人都承认"我属于高敏感度的人"。

"对刺激比较敏感""感觉敏锐"的特征，虽然有"容易因为人际关系感到疲惫"的"缺点"，但在从事音乐和艺术等创作活动时却是非常大的"优点"。能够感知到声音和色彩微妙差异的才能，能够在日常生活中发现细微疑点的才能，<u>这些敏锐的直觉感知可以说是非常了不起的才能</u>。

如果能够将这种能力作为"优点"充分地发挥出来，就一定可以在社会活动中发挥出重要的力量。但如果选错了工作，则很有可能成为"容易疲劳的人""容易被他人的感情影响而受伤的人"。

正如在上一节"发展障碍"中提到过的那样，症状只不过是一种特征。至于要将这种特征作为"缺点"来折磨自己，还是作为"优点"来强化自己，完全在于个人的选择。

不过，虽然我说了这么多"就算自己属于高敏感度的人也不用担心"，但肯定还是有人在意他人的想法，对高敏感度的自己感到厌恶，并因此而身心俱疲。对于这样的人，推荐采用以下的应对方法。

表 ▶ 应对高敏感度的方法

1. 尽量回避刺激自己的敏感性的事情
2. 预防过度的刺激（太阳镜、耳机）
3. 充分休息
4. 不要过度勉强自己
5. 创造一个让自己感觉舒适的环境
6. 不要改变自己，寻找适合自己的东西
7. 与克服缺点相比，更重要的是发挥优点
8. 关注"高敏感度"好的一面
9. 不要同时进行多项工作，一个一个完成
10. 在自己与他人之间划清界限
11. 表现自己
12. 寻找值得信赖的伙伴
13. 让身边的人理解自己的"高敏感度"

《高敏感度手册》（武田友纪 著）

希望进一步了解的人

《高敏感度手册》（武田友纪 著）

难易度 ★

想要了解应对高敏感度的方法，本书是最佳的选择。

本书最大的特点就是没有将"高敏感度"当作疾病，而是将其看作和"喜欢微笑"一样的性格特征，站在将"高敏感度"作为"优点"的角度进行说明。身为心理咨询师的作者本人也属于"高敏感度的人"，所以对高敏感度给人带来的影响十分了解。书中介绍的应对方法都是他本人亲身实践的内容，所以具有很强的实用性。

《关于高敏感度的说明书》（高野优 著）

难易度 ★

有的人当发现"自己属于高敏感度的人"之后，就会变得情绪低落、陷入消沉。对于这样的人，最好阅读一下这本书。本书之中有许多彩色的漫画，能够使人在阅读时心情也跟着明朗起来。而且读完本书就会使人意识到"原来高敏感度也没必要这么烦恼"。

心理

心理 10 预防认知障碍的方法

关键词 ▶ MCI、食疗

从日本不同年龄层认知障碍的发病率来看，70~74岁的人发病率约为5%，80~84岁的人约25%，85岁以上的发病率高达55%以上。在"人生100年"成为当今社会关键词的时代，寿命越高的人患上认知障碍的风险也就越大。即便能够活到100岁，如果因为认知障碍而生活不能自理的话也毫无乐趣可言。

避免认知障碍，安度晚年，这是关乎每一个人的重要问题。

事实 1 认知障碍完全可以预防

绝大多数疾病都不是突发的，而是先从比较轻微的症状开始，也就是所谓的"未发病"状态。但如果对这些症状置之不理，就会使症状逐渐加重。因此，在"未病"的状态下，只要改变生活习惯，就可以使症状消失从而避免更加严重的后果。认知症的"未病"状态被称为"MCI（轻度认知障碍）"。而认知障碍一旦确诊，无论怎么努力都难以治愈，可以说是一种"不可逆"的状态，因此务必要重视起来。

从MCI到认知障碍的发展过程和"衰老"的过程十分相似。如下页的图所示，在健康和认知障碍之间的状态就是MCI。每4名老年人之中就有1名处于MCI的状态。**但如果能够在MCI的状态及时加以控制，就不会出现认知障碍。**

很多人认为"健忘是因为上了年纪，治不好的"。在10年前这还是

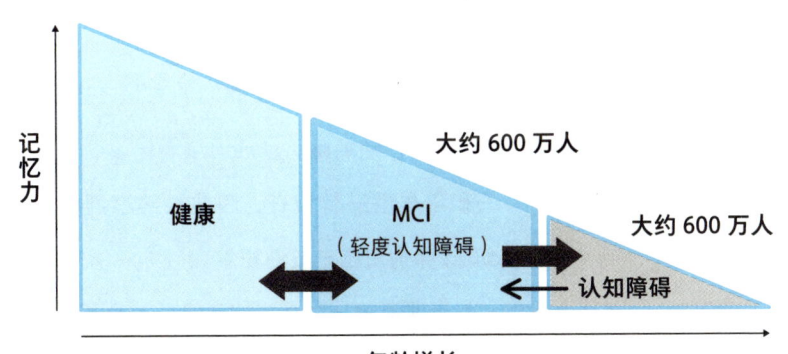

```
         ↑
         │  ╲
         │    ╲         大约 600 万人
      记 │      ╲
      忆 │  健康  ╲  MCI    ╲
      力 │        ╲（轻度认知  ╲    大约 600 万人
         │          ╲ 障碍）    ╲
         │    ⟵⟶    ╲         ╲  ⟵  认知障碍
         │              ╲         ╲
         └──────────────────────────────→
                        年龄增长
```

图 ▶ 认知障碍与 MCI

一种普遍的常识，但最新的研究结果表明，通过运动疗法，完全可以使轻度的健忘（也就是 MCI 的状态）得到改善甚至痊愈。

而且，即便已经确诊认知障碍，运动疗法也可以延缓症状的进一步发展，以及改善健忘的症状。

如果发现家人出现"健忘"的症状，应该及时去"健忘症门诊"等认知障碍的专业门诊进行检查，明确究竟是正常现象，还是 MCI 或者认知障碍。

"虽然最近有点健忘，但应该没什么事，先观察一下吧"，这样的想法绝对不可取。因为认知障碍的症状会逐渐加重，最终处于不可逆的状态，所以一定要尽早去医院接受诊断和治疗。

事实 2　认知障碍的征兆早在发病的 25 年前就已经出现

最近关于阿尔茨海默病的研究发现，阿尔茨海默病其实从发病的 25 年前就已经开始。可能许多人都以为自己的病情是在几年前才开始逐渐出现的，但实际上并非如此。

一种叫作"β-淀粉样蛋白"的物质会逐渐在我们的大脑之中积累，积累到一定程度之后就会开始杀死神经细胞。最近通过影像诊断可以对大脑中"β-淀粉样蛋白"的积累程度进行检查，因此科学家们才发现"β-淀粉样蛋白"早在发病的 25 年前就已经逐渐积累。

等到 60 岁之后才发现"最近明显健忘"其实就已经来不及了。虽然还不能说完全没办法，但最好从 40 岁的时候就开始进行预防。

行动 1　用运动与睡眠预防认知障碍

预防认知障碍最有效的方法就是"运动"和"睡眠"。

每周进行 150 分钟以上的有氧运动，能够将阿尔茨海默病的风险降低到 1/2 甚至 1/3。虽然每周 150 分钟的运动听起来很简单，但对上了年纪的人来说要做到也并不容易。

有些体力减退明显的老年人，只是稍微走一段路就会感觉十分疲惫。如果你的家中有这样的老人，千万不能因为"害怕摔倒"而阻止老人运动，最好能陪伴老人一起散步。

根据西班牙马德里大学的研究结果，与平均睡眠时间 7 小时的人相比，睡眠时间在 6 小时以下的人出现 MCI 和认知障碍的风险高 36%。认知障碍可能从 40 岁开始就已经有征兆出现，所以应该及时预防，在年轻的时候就要保证 7 小时以上的睡眠。

阿尔茨海默病的元凶是"β-淀粉样蛋白"，而人体在睡眠时会清除体内的"β-淀粉样蛋白"。睡眠时大脑的容积会大幅缩小，因此产生的脑脊髓液能够将"β-淀粉样蛋白"从大脑中清洗出去。

通过可视化的影像检查，能够清楚地看到如同喷射水流一样的脑脊髓液。**如果减少睡眠时间，就相当于减少了"清扫大脑的时间"**。这必然会极大地提高阿尔茨海默病的发病率。

事实 3 预防慢性病

认知障碍分为"脑血管性认知障碍"和阿尔茨海默病。高血压、高脂血症、肥胖、糖尿病等代谢综合征会导致动脉硬化，一直以来都被认为是造成"脑血管性认知障碍"的危险因素。但最近的科学研究发现，高血压、高脂血症、肥胖和糖尿病等慢性病也与阿尔茨海默病的发病有着极大的关系。

高血压、高脂血症、肥胖、糖尿病这4个危险因素存在的数量越多，阿尔茨海默病的发病率就越高，具有3个以上危险因素的人，阿尔茨海默病的发病率也会增加3倍。

尤其是高血压，中年期的高血压就与认知障碍的发病率之间存在着非常明显的联系，因此从中年期开始就要及时地加以预防。

通过良好的生活习惯预防代谢综合征，不仅能够预防心肌梗死和脑中风等身体疾病，还能降低认知障碍和抑郁病等精神疾病的风险。

此外，要想预防认知障碍还必须戒烟。

吸烟者与不吸烟者相比，认知障碍的发病率高45%。WHO的研究证实，吸烟与认知障碍的发病之间存在着明确的联系，吸烟数量越多，出现认知障碍的风险越大。据推测，全世界14%的阿尔茨海默病患者可能都是因为吸烟引起的。

行动 2　更多预防认知障碍的方法

运动、睡眠、预防慢性病是预防认知障碍的必要条件。除此之外，还有许多能够有效预防认知障碍的方法。

（1）食疗

食疗能够有效地预防认知障碍。

美国拉什大学的研究发现：平时就经常吃一些对精神健康有好处的食物的人，阿尔茨海默病的发病率会降低53%。

食疗的关键在于多吃鱼少吃肉。此外，蔬菜、根菜类、豆类食品也要均衡地摄入。在鱼类之中，鲐鱼、沙丁鱼、秋刀鱼等鱼类富含DHA和EPA，能够降低血液中胆固醇的数值，促进血液畅通。

表 ▶ 能够预防认知障碍的食物（食疗）

应该摄入的食物	不应该摄入的食物
以绿色和黄色蔬菜为主的蔬菜类、根茎类、坚果类、豆类、浆果、鱼、糙米、全麦、橄榄油、鸡肉、红酒	红肉、奶酪、黄油与人造黄油、甜品、油炸食品

除了上述食物之外，咖喱（姜黄中含有的姜黄素具有很强的抗氧化作用）、咖啡和绿茶等也有很好的预防效果。

如果饮酒过量会提高出现认知障碍的风险。中度饮酒的人出现认知障碍的风险是不饮酒人的1.5倍，大量饮酒的人这个数字更是高达4.6倍。

（2）避免孤独

荷兰对大约2000名老年男女进行了一项持续3年的跟踪调查，以探明社会的孤立和孤独感与认知障碍之间的关系。**结果表明，感到孤独的人比没有感到孤独的人出现认知障碍的风险高 2.5 倍。**除此之外，也有许多研究结果证明"孤独"会提高认知障碍的风险。

因此，为了预防认知障碍，应该定期与他人见面，与朋友在一起游玩，参加感兴趣的社团活动等。在社会服务组织之中担任职务也很有效果。这些避免孤独的活动都可以预防认知障碍。

（3）坚持学习

据说学历越高的人出现认知障碍的可能性越低。日本千叶大学对受教育年数不足 6 年的老年人与受教育年数在 13 年以上的老年人进行对比，发现前者出现认知障碍的风险男性高出 30%，女性高出 20%。

知识和经验丰富的人，即便失去一定数量的脑细胞，仍然可以通过自己丰富的知识和经验来进行弥补，不容易表现出认知障碍的症状。

此外，上了年纪的人坚持学习也非常重要。可以去老年大学继续进修，尝试考取资格证书，也可以参加文化中心的活动，或者坚持阅读。

越来越多的研究结果证实，尝试学习新的乐器、新的棋类游戏、做填字游戏或数独，这些认知锻炼对于预防认知障碍都有很好的效果。**活到老学到老，就是对认知障碍最好的预防。**

50% 以上的超过 85 岁的老人都有 MCI 或认知障碍的症状。随着年纪的增长，任何人都可能出现认知障碍。

但只要掌握了预防的方法并坚持执行，就完全可以预防认知障碍。

让我们保持头脑清醒的状态，健健康康地活下去吧。

> 希望进一步了解的人

《预防认知症！让大脑返老还童的科学技巧》
（NHK 科学·环境节目组 编）

难易度
★

有时候，即便你对身边的老年人说"为了预防认知障碍请多运动"，对方也往往不愿运动。对于这样的老年人，我推荐内容通俗易懂，而且非常易于实践的这本书。本书是根据 NHK 健康节目的内容整理而成的一本书，只要告诉老人"健康节目就是这么说的"，对方肯定会愿意尝试一下。如果你身边的人出现了认知障碍，你或许会成为护理者。为了避免出现这种情况，最好让老人"运动"起来。

心理 11 "想死"时的应对方法

关键词 ▶ 自杀冲动、血清素浓度降低

根据日本财团"自杀意识调查 2016"的调查结果，对于"是否真正想过自杀"的问题，有 25.4% 的人回答"是"。

此外，针对"考虑自杀的时期"这个问题，3.4% 的人回答"过去 1 年以内"，甚至有 1.6% 的人回答"现在"。也就是说，每 4 个人之中就有 1 个人真正考虑过自杀，大约 60 个人之中就有 1 个人"现在就想死"。

"想死"看起来似乎是一个非常极端、只有在走投无路的时候才会产生来的想法，但实际上却是许多人共通的烦恼。

日本财团根据调查结果对"过去 1 年以内自杀未遂者"的数量进行推断，得出的数字是全日本大约有 53.5 万人。也就是说，全部日本人中的大约 2%，每 50 个人中就有 1 个人在过去 1 年以内自杀未遂。

有过"想死"念头的人，以及实际尝试过自杀的人的数量，远远超出我们的想象。

事实 1 身为精神科医师的个人经验

身为一名精神科医师，我经常能够听到患者说出"想死"之类的话。因此，我在从事精神科医师的 25 年间，一直在思考"应该如何与患者交流，才能打消对方自杀的念头"。我一直在寻找"最合适的呼吁"以及"最合适的措辞"。

此外，我在 YouTube 的烦恼咨询栏目也接到不少关于"想死"的咨

333

询。对于这样的烦恼，我应该做出怎样的回答呢？

尽管到目前为止，我一直面向"想死""想自杀"的人，从事创作和信息传达的活动，但我却没有找到自己认为最合适的建议。

在不断地尝试之中，我发现当有人找我倾诉"想死"的烦恼时，我能传达给对方的只有一句话：

"我希望你不要死。"

这句话听起来好像并不是什么有用的建议，只是我个人的希望和愿望，实际上也确实如此。

如今正在阅读本书的你，可能和我素不相识。但只要你看过我的书，或者看过我发布的视频，那么你我之间也算建立起了"小小的联系"。如果这样的你自杀身亡，我也会感到非常的悲伤。

因为，我到目前为止，曾经亲眼见证过好几个人自杀。

站在患者的立场上，或许会认为"我就算死了，医生也不会感到悲伤"，但这种想法是错误的。

没有任何一位精神科医生不会为自己患者的死感到难过。当得知自己的患者自杀身亡时，每一位精神科医生都会想，"当时我应该怎么做才能阻止他自杀""最后一次诊疗的时候，我应该怎样做""我身为主治医师是否要对他的自杀负责"。但即便如此，自杀的患者也无法起死回生。

在我负责的患者之中，有一名叫 Y 的女性。她患有人格障碍，总是将"想死"挂在嘴边。每当她感到痛苦得难以忍受时，我就会让她住院治疗，帮助她度过这段艰难的时期。在我担任她主治医师的 2 年间，她一次也没有尝试过自杀，看起来似乎症状得到了缓解。

后来我因为工作关系被调到其他的医院，Y 女士也转由其他的医师负责。

在我转院大约半年后的某一天。我在报纸上看到 Y 女士在附近的河里自杀的新闻。尽管我平时并没有仔细阅读新闻的习惯，而且这条新闻也是在很不显眼的位置只有 10 行左右，但就好像是上天的指引一样让我看到了这条新闻。

因为换了主治医师，所以我并不知道她最近半年来的病情，但我曾经作为她的主治医师对她进行过 2 年治疗的事实仍然没有改变。她的死说明我的治疗并没有真正地解决她"想死"的问题，这让我被巨大的"无力感"所笼罩。当时我的心里唯一的想法就是"希望她不要死"。真的，仅此而已。

在我因工作调动，离开医院之前，她曾经送给我一份礼物，是一个钩子部分为动物造型的衣架。现在这个衣架还摆在我的书架上，每当我看到这份礼物，都会想起 Y 女士的脸，并且在心中暗暗发誓：

"我绝不会再让与我有关系的人'自杀'。我要竭尽所能减少自杀的人数。"

这也是我开始通过 YouTube 发送信息以及从事创作活动的契机。

为了尽可能减少自杀的人数，首先要减少精神疾病的患者数量。这不但要对有精神疾病的患者进行治疗，更重要的是"预防"。

为了预防精神疾病，需要改善人际关系、提高工作效率、了解健康知识，减轻压力。

有时候我会收到读者和观众的来信与留言，表示"看了你的书之后我放弃了自杀的念头""你的视频救了我"。但当我遇到"想死"的人，我能给出的建议只有"希望你不要死"这一句话。除此之外，没有任何能说的。

| 事实 | **2** | **大多数自杀的人不会找人倾诉** |

根据前文中提到过的日本财团的调查结果,"真心想死却没找任何人倾诉的人"高达 73.9%。

厚生劳动省研究班的调查(自杀未遂者 1516 人,自杀成功者 209 人)结果显示,针对"在自杀前将自己想死的心情告知他人"这一问题,回答告知家人的占 16.3%,告知朋友的占 8.3%,向精神科医生倾诉的只有 3.8%。因为其中有不少同时告知了家人和朋友的情况,所以整体上来看,在自杀前向他人进行过倾诉的比例只有 20%。

产生"想死"念头的人,无论是自杀未遂还是自杀成功,绝大多数在自杀前都没有向任何人进行过倾诉。

生存还是死亡?面对这个人生之中最大的问题,很多人都没有向他人进行倾诉,在抑郁症导致无法思考的状态下,或者焦躁症失去冷静的状态下,将"想死"的念头转变为了行动。

==这样的人如果事前向人倾诉一下的话,肯定大多能够避免自杀的悲剧发生。==

但如果对"想死"的人说"请向他人倾诉",对方肯定会说"就算倾诉也解决不了问题,根本没有任何意义"。

但正如本书之中反复强调的那样,倾诉的目的并不是"解决问题"。倾诉可以缓解压力,使人的精神得到放松。因此,倾诉一定是有效果的。

| 行动 | **1** | **虽然改变不了"想死"的念头,但可以平复"自杀冲动"** |

倾诉的目的是"缓解压力",更具体地说,是平复"自杀冲动"。如

自杀念头	×	自杀冲动	=	自杀行为
感觉"想死""活着太累"。很多人都有这种慢性、持续的念头。		"现在立刻就想死"的强烈冲动。让人坐立不安。突然产生的强烈感情会持续 5～10 分钟。患有精神疾病的人更容易出现这种冲动。		

"自杀冲动"可以通过"倾诉""对话""电话"等方法平复！

图 ▶ 自杀行为

果分解自杀行为，可以分为以下的要素。

"自杀念头"指的是日常就有"想死"的感觉。"自杀冲动"则是"现在立刻就想死""现在必须去死"的无法抑制的冲动。

拥有"想死"感觉的人，占全部日本人的 1.6%，但绝大多数人并没有真正采取自杀行为，是因为"自杀冲动"很低。

自杀需要极大的勇气。死亡是很可怕的事情，这种对死亡的恐惧成了自杀行为的抑制力。

很多"想死"的人在为自杀做准备的时候，都会感到"非常恐惧"，最终放弃了自杀的念头。

在这千钧一发的关头，"自杀成功的人"和"放弃自杀的人"之间的区别，就在于"自杀冲动"的强弱。

虽然"自杀冲动"会使人产生一种无法抑制的死亡欲望，但这种冲动并不会持续很久，自杀冲动的高峰期只有 5～10 分钟。**如果在产生自杀冲动时能够与人交流 30 分钟的话，就可以使自杀冲动平复下来。**

我在急救门诊也见过许多怀有强烈自杀冲动的患者，但在我与他们交流 30 分钟之后，原本情绪激动的患者都会不可思议地冷静下来。

当我事后询问他们当时的状态，患者们都回答："当时我失去了冷静""我那个时候完全不知道发生了什么"，然后会继续说："幸亏当时没有冲动地自杀，真是太好了。"

导致自杀的真正凶手并不是"自杀念头"（想死的情绪），而是"自杀冲动"（瞬间爆发的冲动）。

因此，当产生想死的情绪时，请等待 30 分钟。为了能够顺利地度过这 30 分钟，"与他人交流"非常有效。如果实在没有人能够倾诉，可以打给心理健康咨询热线等电话专线。

> 即便你对人生感到绝望，人生却并没有对你绝望。你一定还有能够做出贡献的地方，未来在等待着你。
> ——维克多·埃米尔·弗兰克尔（奥地利精神科医师，即便被关在纳粹的集中营里仍然没有绝望，一直在思考生存的意义）

行动 2　不要用喝酒逃避

对于已经间歇性出现"想死"的情绪的人，我给出的建议是"不要喝酒""戒酒"。根据对日本自杀者的调查，32.8% 的自杀者血液中都能够检测出酒精，特别是采用非常残忍的方法自杀的人，血液中酒精含量的浓度更高。

此外，在自杀未遂被送往医院抢救的人之中，大约 40% 在血液中都能检测出酒精。也就是说，有 30%～40% 的自杀者，在自杀之前都曾饮酒。

有研究表明，与偶尔喝酒的人相比，每天喝 3 杯以上的人自杀的风险会高出 2.3 倍。

持续性喝酒会增加自杀的风险，强化孤独和"想死"的想法。而且醉酒还会降低思考能力和判断能力，淡化对死亡的恐惧，引发连自杀者本人都没有预想到的自杀行为。

"遇到讨厌的事情，用喝酒来进行逃避""借助酒精的力量来忘记那些烦恼"，如果总是这样借酒消愁，就会使自己在不知不觉之间搭上"自杀的电梯"。在这种情况下，使你自杀的并不是你自己的意志，而是酒精的作用。

行动 3 改善生活习惯

正如前文中提到过的那样，抑制"自杀冲动"是防止自杀行为的关键。从脑科学的角度来说，"自杀冲动"其实就是**血清素浓度降低**。

从头一直看到这里的读者对血清素这个词想必已经不陌生了吧。要想提高血清素的浓度，"早起散步"是非常有效的习惯。我向大家推荐的"睡眠""运动""早起散步"这三个对健康非常有好处的生活习惯，对于预防自杀也有非常明显的效果。

"想死"的人，因为长期以来受这种念头的困扰，所以会认为"这是自己经过深思熟虑得出的答案"，但实际上并非如此。"想死"的念头完全是因为大脑内血清素的浓度降低导致大脑产生的"错觉"。就像血糖值下降会使我们感觉到饥饿一样，血清素浓度极度降低会使我们产生"想死"的情绪。

如果因为这种大脑内物质的一时失衡就结束了自己的生命，实在是太遗憾了。

血清素、去甲肾上腺素降低导致的抑郁状态，完全可以通过药物，以及"保证睡眠""运动""早起散步""戒酒"等生活习惯来治疗。每天保证 7 小时以上的睡眠，每周坚持 150 分钟以上的运动，每天早起散步。根据我的经验，拥有良好生活习惯的人，都不会产生"想死"的念头。

希望进一步了解的人

难易度 ★

《从 12 层楼跳下已经死过一次的我想要告诉你的事》（MOKA，高野真吾 著）

曾经有患者对我说："您根本不可能理解想死的人的心情。"对于真正"想死"的人来说，与精神科医师写的书相比，同样想要自杀但自杀未遂的人写的书应该更容易引起共鸣吧。因为烦恼、痛苦、绝望、陷入"抑郁"的泥潭无法自拔，从公寓 12 楼一跃而下，但最终幸运地保住了性命的本书作者，他说的话应该很有说服力吧。如果你现在有"想死"的念头，一定能够在这本书中找到共鸣。

终 章

精神科医师总结出来的"思考方法"

生活方法

生活方法 1　成为享受人生的人

关键词 ▶ 中立、舒适区、愿望清单

即便面对同一件事，也有"享受的人"和"无法享受的人"。

任何事物都有好的一面和坏的一面，当我们回顾一天的经历，发现既有好事也有坏事的时候，将关注点放在哪一面上，将极大地影响我们的人生。

既然人生只有一次，那么将关注点放在事物好的一面上，快乐地享受人生应该会更加幸福吧。

事实 1　共同点是"坦率"

"享受人生的人"有一个非常重要的共同点，那就是"坦率"。

"坦率"也是成功的要素之一。"坦率"就是没有偏见、不会先入为主，保持"**中立**"的状态。

很多人都有先入为主的习惯。比如认为"那种事很无聊"或者"之前失败过，这次肯定还会失败"，被先入为主的观念和过去的经验束缚，使行动受到极大地制约。

在这种时候，如果能够保持中立的状态，当听到他人的建议时，就会坦率地接受，认为"总之先尝试一下"。<u>这样一来，你就会得到更多的机会，遇到"快乐的事情"和"有趣的事情"的概率自然也会随之增加。</u>

但要是被先入为主的观念束缚，就只会重复和之前一样的生活，这

建议 → 先入为主

肯定是没什么意思的内容……

被先入为主的观念束缚，会使大脑屏蔽信息！

图 ▶ 屏蔽信息的人

样当然不会遇到"快乐的事情"和"有趣的事情"。如果你的大脑不能保持中立的状态，就会自动屏蔽新信息。在这种情况下，即便听到了信息，也只是左耳朵进右耳朵出的状态，让宝贵的信息白白溜走。

要想成为坦率的人，关键在于"愿意尝试"。

如果别人对你说"这本书很有趣"，那就读一读试试。如果别人对你说"那部电影很好看"，那就看一看试试。如果别人对你说"下次的派对你一定要来参加"，那就去参加试试。

清除先入为主的观点，相信他人的推荐和邀请，这样一来，你必将拥有无限的机会。有趣的事和快乐的事一定在你意想不到的地方等待着你。

行动 1 走出舒适区

我们每天生活的领域，就是前文中介绍过的"舒适区"。经常去的场所，经常见的人，经常吃的食物。这些都是舒适区。

如果你在日常生活之中感觉不到快乐，那说明你"现在的舒适区"之中已经没有了"快乐的事情"。"快乐的事情"在你的舒适区之外。在舒适区之外，有非常广阔的世界，只要你拿出勇气，走到外面的世界，就一定能够发现"宝藏"（快乐的事、幸福）。

宝藏隐藏在第一次去的场所、第一次遇见的人，以及第一次发生的事之中。

当然，走出舒适区也意味着艰难和困苦的挑战，但这些挑战能够激发你无限的可能性。请勇敢地迈出第一步，享受自己的人生吧。

> 享受人生是最重要的事情。
> 感受幸福，就这么简单。
>
> ——奥黛丽·赫本（英国演员）

行动 2　写愿望清单

前面提到的走出舒适区，是从外部开始享受人生的方法，除此之外还有一个从内部开始享受人生的方法。那就是明确"自己对什么感到快乐""自己想做什么""自己想要实现什么""自己想要获得什么"……

因此，我推荐给大家的方法是**"写愿望清单"**。

愿望清单最好每年检查一次，看一看自己完成了多少，并且实时更新。

我写在愿望清单上的内容，一年大约能够完成一半，2~3年能够完

（步骤1）
准备200张信息卡（商店里就有卖的卡片）

（步骤2）
将自己想获得的东西、想做的事情等"愿望""梦想""目标"写在上面。最少要写100个。写的内容要尽可能具体。
例如："想去海外旅行。"
　　　"想去洛杉矶的迪士尼乐园。"
　　　"想去巴塞罗那的圣家族大教堂看看。"

（步骤3）
将内容分类，整理到一张纸上。然后将这张纸贴在桌子前面，或者保存在手机里，经常拿出来看一看。

在空闲的时候经常拿出来看看，将这些想实现的愿望牢牢地记在脑子里！

图 ▶ 写愿望清单的方法

成70%~80%。因为愿望清单上写的都是"愿望""梦想""目标"等自己喜欢的事，并且其中的70%~80%都能实现，所以不写愿望清单绝对是一种损失。

为什么只要将愿望写出来就能实现呢？

因为我们的大脑对于"想做的事情（愿望）"比较敏感。

比如你在愿望清单上写了"想去夏威夷"，那么当你的朋友说"今年暑假我打算去夏威夷"的时候，你也会瞬间回应"我们一起去吧。"如果你没有将这个愿望写出来，那么在这个时候或许只会说"真羡慕你"，而不会产生想要一起去的念头。

将愿望写出来，会使你更加关注与愿望相关的信息，加快愿望实现的速度。

很多人都会在新年的时候制订年度计划和目标。但一般制订的都是"年度工作计划",制订"年度娱乐计划"的人恐怕非常少吧。我建议大家一定要制订"年度娱乐计划"。我一般会制订"看120部电影""至少6周时间的海外旅行"之类的娱乐计划。

如果是习惯每天早晨制定一天行动时间表的人,我建议顺便将"**娱乐时间表**"也写出来。比如计划"晚上7点半开始看电影",这样会使你产生"必须在晚上7点之前完成工作"的紧迫感,从而迅速地完成工作,给娱乐留出时间。

持有"工作日不应该看电影"的固定观念的人是不会轻易改变想法的。

将"娱乐目标"写出来,不但能够增加娱乐的机会和时间,还能提高工作效率。

请成为一个"享受人生"的人吧!

生活方法 **2** 养成决断的习惯

关键词 ▶ 确证偏见、决断的标准、愿景

是否能够掌握自己人生的主导权，主要取决于自己"是否能够做出决断"。人生幸福美满的人，大多是能够在重要的时刻做出"决断"的人。

面对重要选择的时候，很多人都会感到烦恼和迷茫，那么应该如何做出决断呢？让我们来看一看无悔地度过人生的关键吧。

事实 1 是否只是因为信息不足

为什么难以做出决断呢？在绝大多数情况下，导致出现这个问题的原因都是信息不足。如果能够准确地预测结果，那么任何人都可以毫不犹豫地做出选择。只有在信息不足，难以准确预测结果的情况下，人们才会感到迷茫。

在感到迷茫时，唯一能做的只有"彻底地收集信息"，一直收集到"再也无法收集到更多的信息"为止。

经常有人因为"不知道是否应该创业"来找我倾诉。但当我询问对方"成立公司的方法""创业后的减税方法"时，能够回答出来的人却寥寥无几。连基本的创业知识都不知道，无法做出决断也是理所当然的。

行动 1 养成调查的习惯

请养成在感到迷茫的时候彻底调查的习惯。

如果是通过书籍收集信息,可以参考前文中介绍过的"三等分阅读法"。

只阅读 3 本"赞成派"的书,就只能得出"赞成"的结论。但在创业的时候,要同时把握创业的好处与风险,才能使事情顺利地发展下去。因此,不仅要从"创业成功的人"那里获取信息,还要从"创业失败的人"那里获取信息。

在心理学上,有一个叫作**"确证偏见"**的概念。人类会无意识地收集对自己有利的信息,同时回避那些对自己不利的信息。只要避免这一点,就可以做出客观的判断。

想要锻炼做出客观判断的能力,可以阅读不同立场的书。如果能够听取不同立场的人的意见,收集不同方面的信息,就能够让判断更加准确。

除了通过书籍收集信息之外,更有效的信息收集手段是"直接向本人请教"。

向亲身经历过的人请教,可以更准确地把握实际情况。

你可以在身边寻找这样的人,或者参加交流会和学习会。在正式交流之前自己最好也做一些调查,这样就能够提出更加具体的问题,而不是贸然地询问"我想创业,应该怎么办"。请以此为目标努力吧。

事实 2 拥有"标准"非常重要

无法做出决断的人除了缺乏信息之外,还欠缺一样东西,那就是"决断的标准"。如果有明确的标准,那么只需要参照标准,机械化地做出决断即可。

人类的想法在不同的情况下会不断地发生变化,没有"决断标准"的人会感到迷茫而难以做出决断也是理所当然的。

因此,制定一个属于自己的"决断标准"十分重要。

> 迟来的决断就等于没有做出决断。
> ——孙正义(软银集团会长)

行动 2 明确"决断标准"

制定决断标准时,可以参考以下 3 条。

> (1)选择让你感到激动的
> (2)选择更困难的
> (3)选择更有戏剧性的

(1)选择让你感觉激动的

尽可能多地收集信息,通过书籍或向他人学习,客观地思考,当做完上述全部准备之后,剩下的只能交给"自己的感觉"来做出判断。

如果你"想表白""想留学""想创业",那就遵从内心的感觉。

因为当你产生这种冲动的时候,如果不去做的话,事后一定会感到后悔。

"当时如果表白的话""当时如果去留学的话""当时如果创业的话"……一次决断可能会极大程度地改变你的人生。

选择让你感到激动的事情，即便失败也不会使你感到后悔。 只要不后悔，就有挽回的余地。即便告白没有得到对方的接受，也可以努力继续维持朋友关系。

请遵从自己内心的声音，做自己应该做的事情。

（2）选择更困难的

当你回顾之前的人生时就会发现，与"轻而易举就能做到的事情"相比，"历尽千辛万苦才做到的事情"在记忆中的印象更加深刻。

选择更困难的事情，能够增加你的知识和经验，使你得到成长。即便失败，也能从中学到许多宝贵的经验。

当然，这并不意味着应该有勇无谋地去做完全做不到的事情。选择"对自己来说稍微有些难度"的挑战，一定能得到巨大的收获。请将"困难"变成动力吧。

（3）选择更有戏剧性的

每一个人都是自己人生的主角，你希望自己的人生有怎样的情节呢？

在电影之中，主人公总是接连遇到危机，好不容易摆脱险境，下一个危险又接踵而来。这种一波未平一波又起的情节才能激起观众的兴趣。

人生也和电影一样。 如果你站在第三者的角度像看电影一样欣赏自己的人生，肯定也会喜欢主人公（自己）面对挑战的情节，哪怕失败了也相信自己绝对能够东山再起。请不要犹豫，选择更有戏剧性的事情。毕竟人生只有一次，要选就选"最有趣的"。

只要按照以上的方法做决断，你就一定能够发现只属于自己的"愿景"。"表白""留学""创业",这些都不是"最终目的",只不过是"工具"和"手段"罢了。在不断地做出决断的同时,请思考你的"最终目的"也就是"愿景"究竟是什么吧。

生活方法 3　思考"生命的意义"

关键词 ▶ **后记、藏宝图**

正如前文中提到过的那样，因为经常有患者说"想死"，所以身为精神科医师的我也一直在思考怎样才能让患者感受到"生命的意义"。

事实 1　"生命的意义"真的存在吗

> 要问为什么活着，是因为还没死。
>
> ——立川谈志（落语家）

在我摸索究竟什么是"生命的意义"时，听到了这样一句话。

以前NHK[①]有一个让年轻人自由讨论的节目，名字叫作《十几岁年轻人的对话场》。

其中有一位年轻人提问："人为什么活着？"落语[②]家立川谈志回答说："要问为什么活着，是因为还没死啊。因为没死所以只能活着。"

我听到这句话之后恍然大悟，可以说立川谈志很好地诠释了"生命的意义"，所以我直到今天仍然记忆犹新。

我个人认为，"生命的意义"并不是与生俱来的，人只是在有自主意识的状态下"活着"而已。也就是说，**所谓"生命的意义"并不存在。**

---

① 日本广播协会，是日本的公共媒体机构。——编者注
② 日本传统曲艺形式之一，类似于中国的相声或说书人。——编者注

"活着"只是"没死"的状态。乍看起来这好像是个抖机灵的回答,但实际上却点明了生命的本质。

首先有"活着"这个事实,然后才能思考"生命的意义""活着的理由""人生的目的"。也就是说,如果将人生比作一本书,那么生命的意义就是这本书的"后记"。

因此,无论怎么思考也找不到"生命的意义"完全是正常的情况。本来就不存在的东西,怎么可能找得到呢?

有些患者"因为找不到生命的意义所以想死",如果按照他的逻辑,那么全世界的人都必须死,这显然是错误的。

> 人类无法了解自己存在的意义。
>
> ——康德(德国哲学家)

被称为近代哲学之祖的康德在对"人类"进行多年的观察与思考之后,得出了上述结论。

自己无法理解自己生命的真正意义。从哲学的角度上来说,找不到生命的意义才是正确的。

"因为生命的意义本来就不存在,所以完全没必要因为找不到生命的意义而感到苦恼,找不到是理所当然的,更没必要因为找不到生命的意义而自杀",这就是我得出的结论。

事实 2 人生就是寻找"生命意义"的过程

虽然人类无法知道"人类真正的存在意义",但我们仍然能够在某个瞬间感觉到"这就是自己活着的意义""这就是我生存的目的"。

正如前文中关于"天职"的部分提到过的那样，人在 10~20 多岁的时候很难找到自己的人生意义和目的。即便在十几岁的时候发现了"生命的意义"，一般也不会持续一生。

我们感觉到的"生命意义"和"人生目的"并不是绝对固定的，而是不断变化的。换句话说，**"活着"这件事本身其实就是"探寻生命意义的漫长旅途"**。

我们花费一生的时间去探寻"生命的意义"和"人生的意义"，如果能够在弥留之际认为"（我这一生）是有意义的人生"，那这也可称得上是幸福的人生了。

因为"人生的意义"在不断地变化，所以即便我们在某个瞬间认为自己发现了"人生的意义"也并不能一劳永逸。不过，为了追求"人生的意义"而不断地思考、行动甚至因此而感到烦恼，这件事情本身也非常有意义，因为这可以促进我们的成长。

> 怀疑人生的意义，是一个人拥有极高精神境界的证明。
> ——维克多·埃米尔·弗兰克尔（奥地利精神科医师）

行动 1　认真思考"生命的意义"

思考"生命的意义""人生的目的"并因此而感到烦恼其实是一件好事。关键并不在于找到正确的答案或者得出"结论"，而在于保持思考并提出自己意见的"过程"。

如果从不审视自己，就会不知道"自己想做什么"以及"自己应该前进的方向"，结果只能随波逐流或者任由他人摆布。

因此，请认真思考"生命的意义"。不必急着得出结论，我们有一生的时间来思考这个问题。毕竟这个过程才是最重要的。

我一直坚持思考"生命的意义"，在50岁之后才终于得出了一个结论。

这个结论就是"与重视'生命的意义'相比，应该更重视'愿景'"。"愿景"这个词在本书之中也曾经出现过多次，具体来说，"我想做这个"或者"我想成为这样"的"自己的应有状态"就是"愿景"。

"生命的意义"与"愿景"之间最大的区别，就在于"生命的意义"需要我们去寻找，而"愿景"则由我们自己来制定。我们可能花上几年甚至几十年的时间也找不到"生命的意义"，但"愿景"只需要我们自己来决定，甚至现在就可以立即决定。

因为"愿景"是自己的心愿与希望，所以可以根据自己的喜好来决定。这也相当于是一个自己决定"朝这个方向努力"的宣言。

当然，也有过了几年之后发现"这个愿景有错误"的情况。在这个

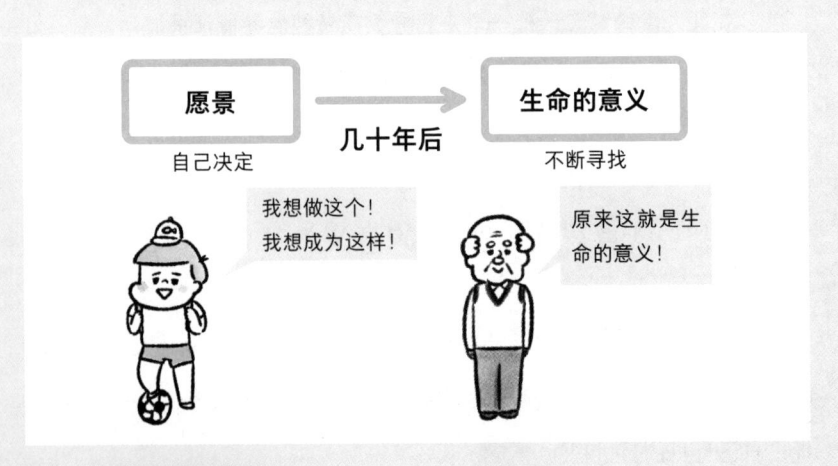

图 ▶ 愿景与生命的意义

时候，只要"修正"并"改变"愿景即可。毕竟现在的"愿景"对自己来说是不是一生的"愿景"，必须经过实际的尝试才能知道。

为了实现"愿景"而努力的人生，每一天都会过得非常充实。这充实的每一天不断地积累起来，就是我们的人生。

"愿景"是一张藏宝图，"生命的意义"则是宝藏。只要朝着"愿景"不断前进，最终就一定能够找到"宝藏"，也就是发现"生命的意义"。

自己究竟想做什么，想去往什么地方，想实现什么。**即便没有找到"生命的意义"，至少可以先朝着自己的"愿景"前进。**

生活方法 4 思考"死亡"

> 关键词 ▶ 故事、控制、最佳状态

不止人类,任何生物都有对"死亡"的恐惧,会尽可能地避免"死亡"。这可以说是生物的生存本能。

因此,任何人多少都会有一些"害怕死亡"的情绪。

事实 1 对死亡的恐惧会随着年龄的增长而逐渐减少

可能很多人都认为,对死亡的恐惧会随着年龄增长,也就是越接近死亡越强。但实际上却恰恰相反。

根据关于"死亡恐惧"的调查(日本第一生命经济研究所)结果,"害怕死亡"的人数比例,在40多岁的年龄层之中占54.5%,60多岁的年龄层中占34.7%,70多岁的年龄层中占30%,随着年龄的增加逐渐减少。

可能是随着年纪的增长,人们逐渐接受了现实,因此"对死亡的恐惧"也减少了。

行动 1 用逆推法来思考"死亡"

通过思考"死亡",可以使人知道自己现在应该做什么。你也可以试着思考一下"在死之前想做什么""如果什么事情没做完会感到后悔"。

如果只是单纯地思考"死亡",可能会使人产生"活着没有任何意义""一切都将归于虚无"的负面情绪。根据我对拥有自杀念头的患者的诊疗经验来看,基本上都是属于这种情况。

但既然人固有一死,那么"做自己想做的事"就显得非常重要。

关于这一点,或许仅凭语言和文字很难说服别人,但通过电影和小说等故事,则很容易使人产生共鸣。

比如黑泽明导演的电影《生之欲》(1952年)就是这样一部佳作。下面的内容包含剧透,请大家谨慎阅读。

每天浑浑噩噩地虚度人生的市民科科长渡边,某一天忽然查出自己患有胃癌,只剩下几个月的寿命。当他开始思考自己生命的意义时,遇到了厌倦了这无所事事的工作而在玩具厂工作的前部下。

部下积极的人生态度,以及一句"你也试着做点什么吧"的建议深深地打动了渡边的心,于是他开始将余生的全部精力都投入到公园的建造工作之中。最后,在建成的公园之中,渡边坐在秋千上满意地闭上了双眼。

这个电影如果从"死亡"的角度来看,就是"时日无多的男人垂死挣扎的故事"。**但如果从"生命"的角度来看,则是"用人生最后的时间,去实现最重要事情的故事"。**

生与死就像硬币的正反两面。即便是同一件事,从生和死不同的侧面来看,也会有不同的解读。

因此,电影和小说等故事具有强大的力量。故事的特征就在于能够使受众的感情产生共鸣。以下介绍的这几部影片对于思考人生的意义都非常有帮助,非常推荐大家观看。

表 ▶ 关于生与死的电影

（Best1）《最后的假期》（导演：王颖）
（Best2）《遗愿清单》（导演：罗伯·莱纳）
（Best3）《机器管家》（导演：克里斯·哥伦布）
（Best4）《本杰明·巴顿奇事》（导演：大卫·芬奇）
（Best5）《明日的记忆》（导演：堤幸彦）

行动 2　明确自己能够控制的领域

当你感到烦恼的时候，将"能够控制的部分"和"不能控制的部分"区分开来思考是比较有效的方法。在这里让我们以"对死亡的恐惧"为主题，试着区分一下"能够控制的部分"和"不能控制的部分"。首先将"对死亡的恐惧"转变为具体的文字，然后找出哪些能够控制，哪些不能控制。

表 ▶ 区分能够控制的部分和不能控制的部分

能够控制的部分	推迟死亡时间（预防疾病、健康的生活习惯） 了解死亡（哲学、心理学、文学、电影等） 讲述死亡（与他人讨论） 不去多想死亡（多想快乐的事情）
不能控制的部分	不会死亡（永生）

通过上表，可以明确哪些内容是自己能够控制的，以及自己现在应该做什么。

本书介绍的"健康的生活习惯"，从某种意义上来说也是出于"对死亡的恐惧"。或者换一个角度来看，既然人固有一死，那么就要好好地享受现在，快乐的事情要尽早享受，无怨无悔地度过每一天。只要全力以赴地生活，哪怕有一天死亡突然到来，自己也不会感到后悔。为了战胜"对死亡的恐惧"，大家不妨试一试这个"活在当下"的方法。

行动 3 时刻保持最佳状态

"对死亡的过度恐惧"，大多出现在心灵和大脑感到疲惫的时候。比如绝大多数抑郁症患者都对"死亡"和"未来"表现出过度的恐惧。但经过一段时间的治疗，患者的抑郁症状出现好转之后，他们就很少提起关于"死亡"的话题了。

7小时以上的睡眠，每周150分钟以上的运动，健康饮食，早起散步……只要养成这些良好的生活习惯，就能消除"对死亡的恐惧"。**反之，如果长期睡眠不足、运动不足，就会加强负面的感情。**

请改善生活习惯，以时刻保持最佳状态为目标。这也是"活在当下"必不可少的前提条件。

事实 2 感谢"生命"

> 恐惧与感谢无法共存。
> ——迈克尔·博尔达克（世界著名激励师）

在奥运会等重大赛事之中，选手们在正式比赛之前也会对支持者和教练表达自己的感谢之情。因为由衷的感谢之情能够消除不安与恐惧。

人类的大脑不能同时处理多个信息，所以"对死亡的恐惧"和"对生命的感谢"不能共存。**只要由衷地表示感谢，心里就会被感谢之情充满，自然而然地将恐惧全部赶走。**

川崎医疗福利大学针对"接受死亡"的研究结果表明，只要经过"认识到自己已经接近死亡""下意识地采取自我实现的行动""与死亡和解"以及**"与生者道别并表示感谢"**这4个阶段，人就能战胜对死亡的恐惧并接受死亡。

你在阅读这本书的时候处于"活着"的状态本身就已经是非常了不起的事情，如果你还身体健康的话，那简直没有比这更好的事情了。请对此表示感谢吧。当然，对周围支持你的人也要表示感谢。只要打从心底产生感谢之情，你就不会对不知何时到来的"死亡"产生恐惧，能够真正地做到"活在当下"。

| 生活方法 5 | 获得幸福的方法 |

关键词 ▶ "血清素→催产素→多巴胺"

根据联合国发表的"世界幸福度排名"（2019 年），日本在参与排名的 156 个国家中排在第 58 位。在 8 个主要的国家中仅比俄罗斯好一点，排在倒数第二位。尽管日本的名义 GDP（国内生产总值）排在世界第三位，应该是非常富裕的国家，但日本人的幸福度却非常低。

比如，很多人都认为"努力工作"是"获得幸福的方法"，但同时也有很多人因为过度努力累垮了身体或者患上精神类疾病，甚至有人因为过度劳累而死亡。有的人因为工作繁忙而忽视了与家人的交流，结果导致家庭破裂。

如果不能按照正确的方法去追求幸福，最后只能落得不幸的结局。

事实 1　幸福分为 3 种

幸福是什么？怎样才能获得幸福？从很早以前开始，哲学家、思想家、宗教家、政治家、社会学家、心理学家等各个领域的精英们就已经开始提出自己的"幸福论"，研究"获得幸福的方法"。但直到今天也没有人能够得出一个最终的结论。

在本节中，我将根据自己身为精神科医师的经验，再加上脑科学的研究，提出我个人总结的**"获得幸福的方法"**。

在人类感到幸福的时候，大脑之中究竟发生了怎样的变化呢？

在我们的大脑里，会分泌能够引发幸福感的物质，我将其称为"幸福物质"。幸福物质越多，人就感觉越幸福。反之，幸福物质越少，人就会感觉"痛苦""难过""想死"。

引发幸福感的"幸福物质"主要有3种。分别是"血清素""催产素""多巴胺"（其他还有叫作"内啡肽"的物质，在本书中不予讨论）。

虽然大脑之中分泌出这些物质就会使人感到幸福，但不同物质产生的幸福感却各不相同，接下来我将逐一为大家说明。

（1）血清素的幸福

"安宁""治愈"等情绪上的幸福感。如果你早晨醒来充满"今天天气不错，感觉自己神清气爽，今天也要努力加油"的积极情绪，这就是血清素带来的幸福感。

反之，如果你总是感觉"不安""担忧""焦躁""坐立不安""满脑子都是不愉快的事情"，则说明你的血清素分泌量显著下降，所以才会被这些负面的情绪所笼罩。

（2）催产素的幸福

"关系"带来的幸福感。夫妇或恋人在一起生活，孩子和朋友一起玩耍感到快乐的时候人体就会分泌这种物质。肌肤相亲、交流、人与人之间的联系、爱情等都与这种幸福有关。

因为亲切地对待他人以及被他人亲切对待时也会分泌这种物质，所以做志愿者、为社会做贡献，表达感谢等感情也与这种幸福有关。

（3）多巴胺的幸福

"干劲"带来的幸福感。 多巴胺是最著名的幸福物质。在达成目标时人体就会分泌多巴胺，因此也被称为"成功物质"。工作成功、比赛获胜、赚取巨额财富、升职加薪……这些"成功"的感情都与这种幸福有关。

事实 2　不要被多巴胺的幸福束缚

说到幸福，很多人只能想到多巴胺的幸福。"希望出人头地""希望家财万贯""希望成功""希望住豪宅"，这些欲望都是多巴胺的幸福。

但正如前文中提到过的年收入与幸福之间的关系所表现的那样，以多巴胺为原动力追求到的并不是真正的幸福。

年收入超过1000万日元，但却因为过度劳累患上"抑郁症"，或者导致家庭破裂的故事，相信大家都听说过吧。

我认为人生在世，最重要的是血清素的幸福。 血清素的幸福，换句话来说就是健康的幸福。因为在心理或身体出现疾病的时候，血清素的浓度都会大幅下降。

幸福要按照"血清素→催产素→多巴胺"的顺序逐一实现，这一点非常重要。

那么，要怎样做才能按照这个顺序获得幸福呢？

> 健康是幸福的前提。
> ——格里芬·威廉·柯蒂斯（美国作家）

行动 1 获得血清素幸福的习惯

要想获得幸福，健康是必不可少的前提。因此，首先要达到的目标就是保持身体和精神的健康，让每天早晨起来都精神百倍。

本书力荐的"早起散步"就是非常有效的方法。只需要每天早晨散步 15 ~ 30 分钟，就能激活血清素，获得血清素幸福。

此外，坐禅和冥想等正念练习以及腹式呼吸法也能使人获得血清素幸福。

为了促进血清素的分泌，睡眠必不可少，睡眠不足和熬夜会严重影响血清素的分泌。此外，**笑容也能促进血清素的分泌**。虽然努力工作获得多巴胺的幸福也很重要，但要是过度劳累损害了健康，反而会招来不幸。

血清素的幸福只需要养成"每天早起散步 15 分钟"这个简单的习惯就能够获得。这是最容易获得同时也是最无可替代的幸福感。

表 ▶ 获得血清素幸福的方法

1. 早起散步（朝阳、有节奏的运动、咀嚼）
2. 冥想、坐禅、正念、腹式呼吸
3. 笑

行动 2 催产素的幸福使内心得到安宁

接下来应该追求的，是催产素的幸福。

与配偶、子女、恋人、朋友之间稳定的人际关系，也能够使你感到幸福。很多人都没有认识到上述人际关系的重要性，直到失去之后才追悔莫及。只顾着工作而忽视了家庭的人，往往在离婚的瞬间才认识到家庭的重要性，并陷入深深的悔恨之中。

"稳定的人际关系"是精神稳定的前提。即便在工作上多少有些压力，只要有"稳定的人际关系"，就可以使精神得到支撑。

反之，感到孤独、很少和他人联系的人患抑郁症和认知障碍的风险更高。或者家庭存在问题的人，在工作中也经常想起家中发生的事，从而难以集中精神工作。在这样的状态下，很难获得多巴胺的幸福。

在追求多巴胺的幸福之前，必须获得催产素的幸福。因为只有打好坚实的基础，才能最终获得"最多的幸福"。

> 无论国王还是平民，能够在自己的家庭之中找到平和的人才是最幸福的人。
>
> ——歌德（德国诗人，剧作家）

与伴侣之间的肌肤之亲、对话、交流，都能够促进催产素的分泌。

虽然肌肤之亲，尤其是性行为能够产生最多的催产素，**但20秒以上的拥抱也能够产生充足的催产素。**此外，拥抱孩子可以使亲子双方都分泌出催产素。

与恋人或朋友开心地交谈，亲切地对待他人或被他人亲切地对待，都能够产生催产素。

有研究结果表明，"经常参与志愿者活动的人比其他人长寿5年以上"。之所以会出现这种结果，就是因为参与志愿者活动能够使人产生催产素。**催产素分泌较多的人，罹患心血管疾病的风险也会降低。**

如果没有恋人和朋友，饲养猫和狗之类的宠物也可以。与宠物玩耍，不仅主人能够分泌出催产素，宠物也一样会分泌催产素。爱抚宠物会使人感到"治愈",这完全符合脑科学的研究结果。

事实上,**催产素还有降低压力、修复细胞等效果**,可以说能够真正地治愈你的身体与心灵。

请重视夫妇和亲子之间的对话与交流,尽可能地增加交流的时间。同时也要保证与亲朋好友之间的放松时间。

这些看似理所当然的事情,其实是幸福非常重要的因素。

表 ▶ 获得催产素幸福的方法

1. 肌肤之亲
2. 交流
3. 爱抚宠物
4. 亲切待人,社会贡献,志愿者活动

行动 3 最后追求多巴胺的幸福

只要拥有稳定的精神状态(血清素的幸福)和稳定的人际关系(催产素的幸福),即便没有万贯家财和加官进爵,也一样能够幸福地生活下去。

而没有意识到这些"基本的幸福感"的人,无论获得多少多巴胺的幸福,也无法得到满足。只会不断地追求更高的目标,永远处于不安的状态之中。

通过下面的方法可以获得多巴胺的幸福。

表 ▶ 获得多巴胺幸福的方法

1. 赚取财富，获得社会成功
2. 在运动会等竞技活动中表现出色、取得胜利
3. 设定目标并达成目标
4. 运动（有氧运动、肌肉锻炼）
5. 笑、冥想等

本书在第三章关于"工作"的内容之中已经对"获得社会成功"的方法进行了非常详细的说明。但这只是幸福的部分要素，并不是幸福的充要条件。

本书序章和 4~5 章介绍的"健康"带来的血清素的幸福，以及 1~2 章介绍了"人际关系"带来的催产素的幸福，只有在获得这些幸福的基础上，再加上社会的成功和商业活动的成功等"达成目标"带来的

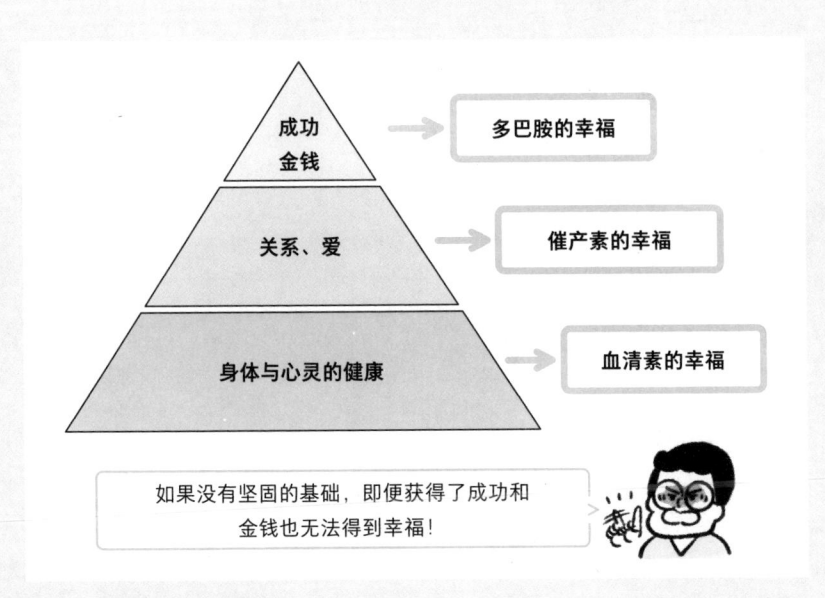

金字塔顶：成功 金钱 → 多巴胺的幸福
金字塔中：关系、爱 → 催产素的幸福
金字塔底：身体与心灵的健康 → 血清素的幸福

如果没有坚固的基础，即便获得了成功和金钱也无法得到幸福！

图 ▶ 人生的 3 种幸福

369

多巴胺的幸福,才能实现"最幸福的状态"。

如果血清素的幸福和催产素的幸福这些"幸福的基础"不够坚固,即便追求多巴胺的幸福,也难以持久。因此,在日常的生活中,请不要过于重视多巴胺的幸福,应该多关注自己已经拥有的血清素的幸福和催产素的幸福,只要你去仔细品味这些最基础的幸福,就会发现其实你一直都是一个幸福的人。

后 记

今后应该如何生存下去

我创作本书的出发点，是为了给诸位读者提供一个"生活方法的全方面总结"。

很多人即便学会了"理论上的生活方法"，但在实际操作的时候还是会遇到许多不明白的问题。因此，本书从消除不安、解决烦恼、实现压力自由最终获得幸福的各个方面入手，为大家介绍了许多具体的、可行的方法。

在本书的最后，我总结出了"生活方法"最重要的"7个本质"。只要把握住以下7点，你的人生就一定能够朝着正确的方向前进。

本质 1 将"这样就好"当作口头禅

作为精神科医师，在给患者提供建议的时候，我必须时刻提醒自己"绝对不能否定对方"以及"应该肯定对方"。

很多人都习惯关注自己负面的地方，经常自责和自我伤害。结果在不知不觉之间，就会开始自我否定，给自己增添巨大的压力。

其实你现在就很好，"只要这样就好"。当你能够这样想的同时，你就可以从自我否定的世界来到自我肯定的世界。

自己能做的事，只在自己力所能及的范围之内，所以你只要坚持做自己就好。请接受自己，认可自己。

"这样就好"是最有效的自我肯定的魔法语言。将"这样就好"当成口头禅，或者用本书介绍的笔记输出法将这句话写出来，就能不断地提高自我肯定的效果。

本质 2 活在当下

怀念过去，会被"后悔"的感情折磨；思考未来，又会被"不安"的感情支配。这是很多人都会出现的问题。迟迟不敢踏出向前一步的人，其实是因为没有把握住"现在"。

当你不由自主地开始怀念过去或者展望未来的时候，不妨将注意力集中到"现在"上面来。

将"今天"应该做的事情，在"今天"完成。就这么简单。

请从本书之中找到"行动"的内容，然后只想着如何将其完成。

人生不可能只用一天就彻底改变。必须将每一天的行动不断地积累起来，才能量变引发质变。最初可能只有微小的进步，但只要持之以恒，你就一定能够从痛苦的状况之中挣脱出来。

"现在你应该做的事情是什么？"

请将这些事情写出来，然后坚持去做吧。

本质 3 自己决定"自己的人生"

按照父母的安排生活，看他人的脸色行事，与他人比较，如果不和他人做同样的事情就会感到不安……

这些都是在过"他人的人生"。**在阿德勒心理学之中,"过他人的人生"是最坏的生活方式。**

在面对"想做的事情"和"想前进的方向"等重要决断的时候,如果交给他人来做决定,虽然可以使自己得到一时的轻松,但事后必定会感到后悔。因为他人做出的决定很有可能与你的真实意愿完全相反。

你应该自己决定"自己的人生"。这并不是什么难以做到的事情。只需要养成"自己做决定"的习惯即可。平时就准备好"思考的时间""倾诉对象"以及"笔记本、便签等工具"。同时养成用语言或文字传达自己的思考和心情的习惯,将自己的想法输出。

提高自己的输出能力,就能过上自己想要的人生。

本质 4 重视自己

重视自己、重视家庭,在此基础上努力工作。这个顺序非常重要。

我是在美国留学期间认识到这一点的。

我周围的美国人,绝对不会为了工作而牺牲"自己"和"与家人一起度过"的时间。因为牺牲自己、牺牲陪伴家人的时间用来努力工作,这样完全是本末倒置。

为了工作而牺牲自己和与家人一起度过的时间,只会导致身体和心理出现疾病,家庭关系出现裂缝甚至离婚。即便在工作上取得成功,但遭遇生病或者家庭破裂等状况,那么工作上的成功都会变得毫无意义。

"重视自己"也意味着"重视自己的健康"。请将本书之中介绍的"7小时以上的睡眠""每周150分钟以上的运动""早起散步"等方法坚持执行。这些简单的生活习惯正是"让人生变得幸福的生活法则"。

本质 5 自己主动打开心扉"倾诉"

前面提到的"过自己决定的人生",并不意味着要故意反对他人,无视他人,孤独地度过人生。

听取他人的意见然后自己做出决定,这个顺序非常重要。向他人倾诉,参考第三方的意见,可以帮助我们做出更加正确的判断。

向我咨询的人经常会提出"我无法和他人倾诉"之类的烦恼。但正如本书之中提到过的那样,两个人之间不可能一上来就从100%的信赖关系开始。因此,**首先要自己主动打开心扉,逐渐地加深双方之间的关系。**

此外,关于精神和健康方面的烦恼,一定要向该领域的专家咨询。在向医生咨询时,也要充分地信任自己的主治医师、敞开心扉,这样更有助于病情的治疗与恢复。与自己充分信任的人倾诉,这可以解决你90%的烦恼与不安。

本质 6 一定要"边行动边思考"

正如我在本节开头处提到的那样,无论掌握了多少"理论上的生活方法",但还是会存在"具体应该怎么做才好"的疑问。因此,本书才通过"行动"的内容将"现在应该做的事情"明确地写出来。

存在不安与烦恼的人,都是因为在静止的状态下思考。一味地思考、烦恼,却没有前进一步。这只会使状况更加恶化,进而加重烦恼。

因此，**"边行动边思考"尤为重要。**无论怎样，先行动起来，从很小的行动开始即可，毕竟一开始就采取大的行动往往不会成功。

无论是"天职"还是"人生意义"，都是在之后回顾的时候才会发现的。

在这个世界上不存在一开始就能制订出远大的目标，轻而易举就能做出人生重大决断的人。越是成功的人，越是在别人都没有注意到的地方不断地积累"小行动"。

本质 7 以"积极的内容"结束每一天

"工作忙得要死，自己非常不幸。"

这种状态如果换个角度来看，**其实非常幸福。**

首先，你"没有疾病"，并且"能拿到工资"。对于有疾病的人和失业的人来说，再也没有比这更幸福的状态了。

任何人在一天之中必然会遇到"开心的事"和"快乐的事"，当然也会遇到"痛苦的事""难过的事"。**问题在于，你更关注哪一边。**就算工作取得了成功赚了大钱，但如果总是关注"负面的事情"，那么自己也不会感到幸福。

在一天要结束的时候，关注"快乐的事情""开心的事情"的人，才能获得"快乐的人生"和"幸福的人生"。

本书介绍的在睡觉之前"写内容积极的 3 行日记"的习惯，希望大家一定要坚持下去，用积极的行动来结束每一天。只需要这样一个简单的方法，就可以使你感到幸福。只要坚持 1 个月以上，一定能够看到效果。

请牢记上述"7个本质",当你感到烦恼和困扰的时候就尝试一下,这必将成为你发现"适合自己的生活方法"的指南针和藏宝图。

我虽然曾经写作过 30 多本书籍,但执笔关于"生活方法"这么大的主题的书还是第一次。现在市面上有许多书籍提倡"拼命努力"的努力论,但我却亲眼见过许多因为拼命努力而患上抑郁症的人。

幸福的基础是没有不安和烦恼这样毫无压力的状态。也就是身心的健康。如果没有健康的身体和内心,无论赚多少钱都毫无意义。

本书就将关注的重点放在"身体与内心的健康"上,"幸福的生活"与"获得社会的成功"并不矛盾。准确地说,正因为有"身体与内心的健康"这个基础,才能更容易获得"幸福"和"社会的成功"。本书是根据我自己的人生经验、临床经验,再结合精神医学、心理学、脑科学等科学依据,得出的独一无二的"生活方法的全方面总结"。

如果本书能够减轻大家的烦恼和不安,让更多的人能够同时获得健康与幸福,那对身为精神科医师的我来说,就是最大的幸事。

精神科医师　桦泽紫苑
2020 年 6 月

图书在版编目（CIP）数据

人生烦恼咨询室 /（日）桦泽紫苑著；朱悦玮译. -- 北京：中国友谊出版公司，2022.10（2023.4 重印）
ISBN 978-7-5057-5516-1

Ⅰ.①人… Ⅱ.①桦… ②朱… Ⅲ.①人生哲学—通俗读物 Ⅳ.① B821-49

中国版本图书馆 CIP 数据核字 (2022) 第 110274 号

著作权合同登记号　图字：01-2022-4533

SEISHINKAI GA OSHIERU STRESS FREE CHOTAIZEN
by Shion Kabasawa
Copyright © 2020 Shion Kabasawa
Simplifed Chinese translation copyright © 2022 by Ginkgo (Shanghai) BOOK Co.,Ltd.
All rights reserved.
Original Japanese language edition published by Diamond,Inc.
through BARDON CHINESE CREATIVE AGENCY LIMITED.
本中文简体版版权归属于银杏树下（上海）图书有限责任公司。

书名	人生烦恼咨询室
作者	［日］桦泽紫苑
译者	朱悦玮
出版	中国友谊出版公司
发行	中国友谊出版公司
经销	新华书店
印刷	天津中印联印务有限公司
规格	889×1194 毫米　32 开 12.5 印张　285 千字
版次	2022 年 10 月第 1 版
印次	2023 年 4 月第 2 次印刷
书号	ISBN 978-7-5057-5516-1
定价	58.00 元
地址	北京市朝阳区西坝河南里 17 号楼
邮编	100028
电话	（010）64678009

好心情练习手册

著　　者：[日]西多昌规
译　　者：刘姿君
书　　号：978-7-5057-5215-3
出版时间：2021 年 9 月
定　　价：42.00 元

愤怒、焦虑、恐惧、不安……现代人的生活和工作中有太多的情绪，包括自己的情绪、周围人的情绪、社会的情绪。当我们无法排除和整理情绪时，最终的结果就是让自己"混乱不堪""焦躁不已"。

本书作者西多昌规是日本知名精神科医师。他不仅在大学医院看诊，同时也是投身医学研究的精神科医师、医学博士。他在多年临床咨询中发现，情绪问题对现代人的生活已经产生了严重的影响。

在本书中，他针对"如何不被情绪影响""正确处理负面情绪"这些事项，提出了 28 个一定能够做到的日常练习。比如，给压力定一个期限，尽最大的努力，做不到就彻底放弃；让情绪达到临界值的自己"暂停一下"，暂时放下不愉快的心情，只专注眼前的工作；想烦恼时，就尽情地烦恼，等到大脑里出现其他事情时，就代表烦恼结束了；等等。